河海大学数学学院资助项目

贺荣繁 ● 著

实践育人视域下大学生科普活动的探索

河海大学出版社
HOHAI UNIVERSITY PRESS
·南京·

图书在版编目(CIP)数据

实践育人视域下大学生科普活动的探索 / 贺荣繁著
. —南京：河海大学出版社，2023.10
　ISBN 978-7-5630-8489-0

　Ⅰ. ①实… Ⅱ. ①贺… Ⅲ. ①大学生-志愿者-科普
工作-研究-中国 Ⅳ. ①N4

中国国家版本馆 CIP 数据核字(2023)第 198809 号

书　　名	实践育人视域下大学生科普活动的探索	
	SHIJIAN YUREN SHIYU XIA DAXUESHENG KEPU HUODONG DE TANSUO	
书　　号	ISBN 978-7-5630-8489-0	
责任编辑	高晓珍	
特约校对	张绍云	
封面设计	张世立	
出版发行	河海大学出版社	
地　　址	南京市西康路 1 号(邮编:210098)	
电　　话	(025)83737852(总编室)　(025)83722833(营销部)　(025)83787104(编辑室)	
经　　销	江苏省新华发行集团有限公司	
排　　版	南京布克文化发展有限公司	
印　　刷	广东虎彩云印刷有限公司	
开　　本	718 毫米×1000 毫米　1/16	
印　　张	11.25	
字　　数	200 千字	
版　　次	2023 年 10 月第 1 版	
印　　次	2023 年 10 月第 1 次印刷	
定　　价	80.00 元	

目录 CONTENTS

第一章　引言 ……………………………………………………… 001

　第一节　研究背景 ………………………………………………… 001

　第二节　研究现状 ………………………………………………… 003

　　一、关于实践育人研究 ………………………………………… 004

　　二、关于少儿科普教育研究 …………………………………… 005

　　三、关于大学生志愿服务研究 ………………………………… 007

　第三节　研究价值 ………………………………………………… 008

　　一、现实意义 …………………………………………………… 008

　　二、理论价值 …………………………………………………… 009

　　三、研究内容 …………………………………………………… 010

　　四、研究方法 …………………………………………………… 010

第二章　实践育人及路径 ………………………………………… 012

　第一节　实践育人 ………………………………………………… 012

　　一、传统教育中的实践观 ……………………………………… 012

　　二、近代教育中的实践观 ……………………………………… 015

　　三、马克思主义实践观 ………………………………………… 017

　第二节　实践育人思想 …………………………………………… 020

　　一、西方实践教育思想 ………………………………………… 020

　　二、新中国实践教育思想 ……………………………………… 021

　第三节　新时代高校实践育人 …………………………………… 027

　　一、新时代实践育人 …………………………………………… 027

二、高校实践育人原则 ·· 030

三、高校实践育人载体 ·· 032

第三章　少儿科普及现状 ·· 036

第一节　科普及少儿科普 ·· 036

一、科普的定义 ·· 036

二、科普主体 ·· 038

三、科普对象 ·· 040

四、科普载体 ·· 042

五、科普内容 ·· 043

第二节　少儿科普开展情况 ·· 044

一、国外青少年科普开展情况 ·· 044

二、国内青少年科普开展情况 ·· 054

第三节　新时代少儿科普 ·· 057

一、新时代少儿科普的意义 ·· 057

二、少儿科普的途径 ·· 058

第四章　大学生志愿服务及现状 ·· 081

第一节　志愿服务及其研究现状 ·· 081

一、志愿服务及志愿服务精神 ·· 081

二、大学生志愿服务研究现状 ·· 084

第二节　大学生志愿服务意义及其发展 ·· 085

一、大学生志愿服务的重要意义 ·· 085

二、我国大学生志愿服务发展历程 ·· 089

第三节　大学生科普志愿服务 ·· 093

一、大学生科普志愿服务活动的类型及存在的问题 ········· 093

二、大学生科普志愿活动开展的对策 ·· 097

三、影响大学生志愿者参与的因素 ·· 098

第五章　理科大学生的实践教育 ·· 118

第一节　理科大学生的实践育人背景 ·· 118

一、贯彻习近平高校思想政治教育观 ·· 118

　　二、服务地方经济发展 ……………………………… 119

　　三、开展劳动教育的需要 …………………………… 120

　　四、提高理科学生专业归属感的需要 ……………… 121

　　五、少儿科普教育的需要 …………………………… 122

　　六、大学生成长的需要 ……………………………… 123

第二节　理科大学生的实践开展 ……………………… 124

　　一、共青团方面 ……………………………………… 124

　　二、学生组织方面 …………………………………… 124

　　三、党政管理方面 …………………………………… 125

　　四、辅导员方面 ……………………………………… 126

第三节　理科大学生实践评估 ………………………… 127

　　一、专业满意度 ……………………………………… 127

　　二、就业情况 ………………………………………… 128

　　三、学生骨干培养 …………………………………… 129

　　四、实践活动品牌 …………………………………… 130

第六章　大学生少儿科普服务案例——理学院科普小实验进社区 ……… 146

第一节　项目简述 ……………………………………… 146

第二节　调查与实践 …………………………………… 148

　　一、研究综述 ………………………………………… 148

　　二、调查数据分析 …………………………………… 149

第三节　问题及对策 …………………………………… 152

第四节　小结 …………………………………………… 154

参考文献 ………………………………………………… 164

附录：调研问卷及数据统计 …………………………… 167

后记 ……………………………………………………… 171

第一章
引言

第一节　研究背景

　　党的十八大以来，以习近平同志为核心的党中央特别重视大学生思想政治教育工作。2016 年 12 月，全国高校思想政治工作会议在北京召开，中共中央总书记习近平在会上发表了重要讲话。习近平总书记的重要讲话是指导做好新形势下高校思想政治工作的纲领性文献，具有十分重要的意义。"培养什么人""如何培养人"和"为谁培养人"是办好社会主义大学的核心与关键所在。

　　之后，中共中央国务院印发了《关于加强和改进新形势下高校思想政治工作的意见》，进一步提出了高校思想政治工作质量提升的基本任务，构建十大"育人"体系：课程、科研、实践、文化、网络、心理、管理、服务、资助、组织。其中实践育人对于大学生的成长具有十分重要的意义，相对于课程实践环节、寒暑期社会实践，大学生深入社会长期开展的志愿服务活动，更能够让大学生深入接触社会，在服务奉献中锻炼自己，提高综合素质，找准人生奋斗的方向。

　　如何构建实践育人的教育体系呢？教育部等十部门印发《全面推进"大思政课"建设的工作方案》指出：高校要普遍建立党委统一领导，马克思主义学院积极协调，教务处、宣传部、学工部、团委等职能部门密切配合的思政课实践教学工作体系，由马克思主义学院指定专人负责，建立健全安全保障机制，积极整合思政课教师和辅导员队伍，共同参与组织指导思政课实践教学。将思政课教师、辅导员指导学生开展实践活动、指导学生理论社团等纳入教学工作量。参照学生专业实训(实习)标准设立思政课实践教学专项经费。

当然,"大思政课"的实践环节,只是实践育人的一个重要方面,并不是全部,还包括例行开展的寒暑期社会实践,也是重要的开展实践育人的特殊教学设计。此外,在"课程思政"的背景下,专业课的实践环节也是开展实践育人的一个重要途径。最后,大学生日常开展的志愿服务、社会调查、实习实践等等,也是实践育人的重要组成部分。

中华人民共和国成立以来,党和国家特别重视科普教育,非常重视充分利用优质科普资源提高未成年人科学素质。《中国科协科普发展规划(2016—2020年)》明确指出,"推动博物馆、科研机构、高等院校、企业、重点实验室、生产车间等面向公众开放优质科普资源,开展科普活动""加强科普志愿者队伍建设。建立科普志愿者社团组织,建设科普志愿者网络服务平台,加强科普志愿者培训。建立健全高校科协或学生团体开展科普志愿服务工作的组织机制,通过项目引导和组织培训,推进在高校建立大学生科普社团。"

2016年,在全国科技创新大会、两院院士大会、中国科协第九次全国代表大会上,习近平总书记指出,科技创新、科学普及是实现创新发展的两翼,要把科学普及放在与科技创新同等重要的位置。没有全民科学素质普遍提高,就难以建立起宏大的高素质创新大军,难以实现科技成果快速转化。2018年,他再次指出"当科学家是无数中国孩子的梦想,我们要让科技工作成为富有吸引力的工作、成为孩子们尊崇向往的职业,给孩子们的梦想插上科技的翅膀,让未来祖国的科技天地群英荟萃,让未来科学的浩瀚星空群星闪耀!"要深入贯彻落实习近平总书记的指示,全面落实《全民科学素质行动规划纲要(2021—2035年)》,要实现"两个一百年"奋斗目标,就必须把青少年的科普教育提高到前所未有的高度,进一步强化他们学科学、爱科学、用科学的兴趣,培育科学精神,激发探索科学奥秘的热情。

恢复高考之后,大学生志愿服务活动也逐步取得了较为快速的发展,特别是,随着大型体育活动的举办,如北京举办的亚洲运动会,大学生参加志愿服务活动的重要意义得到了广泛的认可,相关政策法规也逐步完善。进入21世纪之后,随着北京奥运会的举办,志愿服务的理念进一步深入人心,在重点开展大学生素质教育之后,提高大学生的综合素质势在必行。2019年新冠肺炎疫情暴发之后,大学生志愿者成为各地抗疫的青年主力军,在社区核酸检测、物资的配送、秩序维护、资料的整理录入等环节,都能看到青年大学生志愿者的身影。

近年来,国外高等教育一个比较明显的趋势是越来越重视学生社区志愿服务,并将其作为大学的一个目标。这种趋势背后的原因之一是,许多人认为大学脱离了社会实际,缺乏对现实社会问题的关注,学校希望摆脱"象牙塔"的印象。另一个原因是,大多数学校认为他们的使命不只是培养可就业的毕业生,更重要的是培养全面发展的公民。此外,许多研究人员已经表明,社区志愿服务项目为学生提供了一个机会,给他们一个真实社会的场所来应用他们在课堂上学到的技能,从而提高实践能力。因此,许多大学推行社区志愿服务计划,旨在让尽可能多的学生在毕业前从事某种形式的社区服务,相信这将有助于提高他们的教育素养和社会责任意识。

在这一背景下,深入分析和研究在实践育人的视域下,探讨大学生志愿者开展科普志愿服务活动的理论和实践,无疑具有十分重要的意义。然而,目前关于这一方面的研究,相对而言,还是比较匮乏。理论基础之上的实践,就更加缺乏了,基于此,本研究的主题和目标是,围绕实践育人视域下的大学生科普志愿服务活动,开展相应的理论研究和实践。

将专注于在青少年中开展科普小实验的科普志愿服务实践,特别是面向城市社区中低收入家庭和偏远地区农村家庭中的青少年,探究"面向谁""依靠谁""如何做""怎么样"等一系列青少年科普教育实践中迫切需要解决的问题,研究将日常生活和学习中常见的物理原理、现象、设施设备以及最新的物理科研成果,转化为通俗易懂的语言、生动有趣的现象、便于操作的小实验,从而将高深的物理理论、原理转化为科普知识。力求探索既适合我国国情,又适合当前青少年特点的科普运作模式,激发青少年对科学技术的兴趣,增强青少年的动手操作能力,重点培养中低收入家庭青少年的探索精神,提高他们的科学素养。

第二节　研究现状

本研究的重点在于研究和分析实践育人视域下,大学生志愿者在少儿科普教育方面的重要作用,当前开展状况及存在的问题,未来发展的建议。基于此,在分析研究现状时,主要围绕三个关键问题开展。首先是实践育人,特别是对于大学生而言,实践育人的重要意义和开展情况。其次是大学生志愿服务,我国的大学生志愿服务活动及其相关的研究成果比较丰富,但是关于大学生志愿者在科普方面的研究,相对比较缺乏。最后,少年儿童科普教育,在科技竞争越来越激烈的今天,学习和借鉴国外少儿科普教育的开展情况,提高我国少儿科普教育,无疑具有十分重要的意义。

一、关于实践育人研究

实践育人方面的研究成果比较丰富。

首先,在实践育人的重要意义方面。为了实现高校人才培养模式创新和提升人才培养质量,郭建等认为,实践育人在高校思想政治教育工作中有着重要的地位;费拥军认为,高校需要切实地践行教育实践观念,将实践育人工作放在教育工作的重要位置,这是创新思想教育方法的迫切需求,是满足学生成才的迫切需要,也是社会变化的重要需求;吴刚等人认为,实践育人理念的提出为高校加强和改进育人工作、提升育人质量提供了正确的方向,该理念可以为知识与实践的改变提供帮助,以及对改变学校与社会对立的思维定式有着良好的促进作用。

其次,在实践育人所面临的问题方面。肖建认为,我国目前的实践育人观的问题主要体现在实践太过于形式化、认识论化和功利化。李鹏飞认为,实践育人存在的问题主要在于教育认识的缺失、教学体系的缺漏和条件保障的缺位等。赵蓓茁认为,高校思想政治教育实践育人工作现存在思想认知不到位、保障制度不够健全、统筹联动的体制不够完善以及评价机制不够科学等问题。

再次,实践育人内容方面。李慧萍认为,高校实践育人面临着多元化思潮的冲击,需要强化实践教学、建好教育实践基地等方式来创新高校实践育人模式。还有一些学者认为,高校实践育人是以马克思主义实践观为根本依据,引导大学生坚定跟党走中国特色社会主义道路的理想信念和不断增强服务国家服务人民的社会责任感、勇于探索的创新精神、善于解决问题的实践能力为基本目标的一种教育实践活动。

最后,实践育人的方法方面。有的学者从理论的角度阐述了一系列基本原则和要求。甘霖提出5个方面的实践育人原则:一是教师主导与学生主体相结合;二是第一课堂与第二课堂相结合;三是能力培养与品德锤炼相结合;四是校内主动与校外联动相结合;五是积极扶持与严格考核相结合。有的学者从运行机制的角度来看,提出建立全方位育人的协同机制,发挥家庭、高校、企业及全社会各界对实践育人的协同作用。

综上,实践育人方面的研究成果比较丰富,覆盖了实践育人意义、载体、方法、机制等方面,但也存在一些问题,关于大学生志愿服务的实践育人的理论与实践方面,相关研究成果比较缺乏。

二、关于少儿科普教育研究

西方关于中小学生科普的研究,大多囿于学校教育的圈子,对构成西方国家科普教育的另一重要方面——校外科普教育,则很少提到。实际上,青少年科技教育一直是西方国家教育的重要组成部分,美、英、日等国家在抓大中小学正规科学教育的同时,也在积极发展对青少年的校外科普教育。

西方青少年科普教育大都以激发青少年的科学兴趣为首要目的。提高青少年科学兴趣的方式主要有以下几种:第一,抓住重大科技事件搞科普;第二,利用名人效应;第三,利用青少年喜欢的活动方式搞科普;第四,让青少年通过动手参与科研来学科学;第五,发挥教师和家长等对青少年的引导作用。

在科普的开展方式上,西方国家结合自身的情况,采取了不同的教育模式。在英国,通过基金会推出了"科普能手——研究人员就近参与科普计划",有2 000多所中学参与,青年科学家与当地学校建立联系,激发学生对科学的兴趣。

在加拿大,省、市政府除了与联邦政府配套支持科普基础设施建设及开展重大科普活动外,更多的是支持从青少年教育到小学、中学、大学的科普教育及支持学生参加科普活动,使得加拿大15岁少年所取得的科学成就在世界上排名第三。得益于发达国家对青少年科普教育的高度重视,发达国家整体科创能力往往高于次发达国家。

在国内研究方面,自中华人民共和国成立以来,党中央和国务院就高度重视青少年科学普及工作,在20世纪50年代"普及科学和技术知识"就被写进中华人民共和国第一部宪法。改革开放以来,科学技术作为第一生产力,受到了广泛的重视;另一方面,随着我国经济的飞速发展,青少年科普工作更加受到重视,科普相关法律法规也在不断完善。特别是20世纪90年代以来,我国出台了一系列旨在推动青少年科普事业发展的科普法律法规,政策体系不断完善,科普能力不断加强,但仍未达到国家现代化发展的要求。

当前,国内青少年科技教育措施主要包括举办各种科技创新大赛,创设科技教育基地、科技教育特色学校,推进科技馆、青少年科技活动中心等阵地建设,建设青少年科技教育协会社团,建设少年科技教育网站等。多年来,学生参与科技活动的积极性得到极大调动,培养了一批优秀的创新型后备人才,但青少年科普知识体系仍存在下列问题。

首先,科普读物趣味性不足。目前,我国的青少年科普读物被家长作为增加孩子课外知识的重要法宝,对于丰富孩子的课外生活具有重要的意义。但是由于青少年科普读物的编辑出版都是由成年人操办的,常常出现用成年人的思维方式来代替孩子思维的现象。因此,成人编辑的青少年科普读物中充满了成年人的阅读方式和思维习惯,造成了青少年科普读物具有足够的科学性和严谨性而趣味性却明显的不足,影响了孩子的阅读和对知识的接受。

其次,当前科普载体互动性差。一方面,我国科普类场馆在空间设计上很多都处于模仿阶段,对于科普场馆空间设计的理念没有形成完整的理论体系,并且互动性的研究大多仅体现在展示设计上。另一方面,目前大部分科普网站在互动性方面仍有一定的缺陷,互动性不强。如果科普网站仅仅是将知识以其他形式展现出来,势必难以激发公众的参与热情,科普网站一定要将互动、参与、体验融为一体,让用户能够通过交互式网络平台,获得更多的科普知识,能够给公众提供更多参与创造的机会。纵观国内外优秀的科普网站,其互动性均被看作是首要任务,通过先进的网络技术实现公众与网站之间的互动与交流。

最后,国内原创科普作品同质化现象严重。对青少年科普图书的编著形式进行统计分析发现,国外引进的青少年科普图书数量较多,对我国青少年科普图书市场有着举足轻重的影响,而国内原创的青少年科普图书当中,同质化倾向严重。

通过以上国内外相关研究分析,可以确定在激发青少年的科学兴趣方面,科普教育发挥着重要作用,课余时间科普教育与学校教学一样不可缺少。各地实践也表明,多数原本对科学不感兴趣的学生,在到科技馆和博物馆进行了各种科学探究、参加了学校或课外的科普活动后,逐渐对学习、参与科学知识探究产生了浓厚的兴趣。目前,青少年科普教育呈现出以下几个趋向。

在科普书籍方面,将以"新课标"为基础的课堂教学为主阵地,辅以更具趣味性和专业性的科普书籍,大面积提高学生的科学知识、科学方法和科学思想水平,分层次分年龄培养青少年的科学素养。

在科普网络化方面,随着当前信息技术的持续升温,会有更多的研究者加入对应的网络化科普研究中来,各级科技主管部门,也会加大对相关研究的关注及经费支持。短视频、漫画、在线直播等新媒体形式,为传统科普活动带来了新的生命力,研究者应该把握这一重大机遇,积极投入相关研究,以期能促进我国科普事业的进步,促进科普成果的全民共享。

在科普主体参与方面,一方面,要继续加大校园科普投入,特别是在幼儿园、小学阶段,开设相应的科普课程;另一方面,要丰富校外和课外科学教育活动,动员科技和教育工作者开展与青少年面对面的交流活动,鼓励地方和民间公益组织开展普及型科技活动。特别是大学生志愿者的加入,既发挥专业才能,又能够降低成本,提高大学生的实践能力,也要发挥科技场馆等科普教育基地的作用,吸引学生进实验室、动手做科研、参加科学调查体验。

三、关于大学生志愿服务研究

关于大学生志愿服务概念的界定方面,胡凯、杨欣在《大学生志愿服务的思想政治教育功能》一文中指出:大学生志愿服务的参与者,主要是一些关心社会且品德水平较高的年轻人,在课业时间外,利用自身的知识技能,无偿向社会提供帮助。

关于大学生志愿服务活动价值,郑金凤曾在《大学生志愿服务的实践育人功能及其实现路径研究》的文章中指出:大学生志愿服务的育人功能主要体现在四个方面,一是大学生志愿服务实践活动的开展是对思想政治教育实践平台的一种拓展;二是开展志愿服务实践对于学生社会责任感的培养具有积极意义,是积极提升大学生对于社会主义核心价值观认同感的有效途径之一;三是志愿服务实践活动是培养大学生现代公民精神的载体之一;四是志愿服务实践对于慈善精神的发扬具有现实意义。

关于大学生志愿服务活动在育人中存在的问题,魏立娟在《大学生志愿服务的"育人价值"与实践路径》一文中指出:各高校大学生志愿服务当下面临的困境主要存在于以下三个方面:一是大学生志愿者的思想素质还需提高;二是志愿服务组织自身建设及发展存在一些问题;三是各项保障措施不健全。

综上而言,对大学生志愿服务活动及其在实践育人中的重要作用,研究成果比较丰富,集中在大学生参加科普志愿服务活动的影响因素、大学生科普志愿服务中存在的问题等,这一类研究主要集中在科技场馆方面的科普志愿服务活动的实证研究,而关于大学生科普志愿服务在社区、乡村开展情况的研究,则十分匮乏,这也正是本研究所要重点关注的方面。

第三节 研究价值

习近平总书记指出,科技创新和科学普及是国家实现创新发展的两翼,要把科学普及放在与科技创新同等重要的位置。本研究旨在积极响应党中央和国务院的号召,致力于开展大学生志愿者进社区活动,为中低收入家庭青少年开展科学小实验,进行现场演示,做免费的科普教育。本项目对于高校大学生开展科普教育服务活动具有比较现实的实践意义和参考价值。

一、现实意义

第一,从青少年的教育培养来看,有助于服务更多少年儿童科普教育,做一些实践探索,提供一些科普指导。本研究通过总结 7 年来的青少年科普服务经验,提出一些针对性的措施和建议,形成一系列可供复制的实施方案,以更好地为青少年提供免费的、送上门的科普教育,为儿童和家长解决痛点问题,帮助解决家长科学文化水平不够无法开展科普教育或者家长没有时间陪伴孩子开展科学小实验活动的问题,以更高效、更完善的体系来提升孩子学习效率,成为家长们的好帮手。此外,项目立足于激发青少年对科学的兴趣,培养他们的科学思维、动手能力、团队协作能力等。

第二,从进行科普志愿服务活动的主体——大学生志愿者来看,有助于提高大学生的实践能力、组织协调能力、交流表达能力、动手能力,提高大学生的综合素质。本研究项目开展以来,每一次小型科普活动,有 3~5 名大学生志愿者参加,包括主讲和辅助,已经有超过 500 名来自河海大学物理、环境、电气、数学等专业大学生,以及来自上海交通大学、浙江大学、哈尔滨工业大学、武汉大学等高校的近百名学生,参加了少儿科普志愿服务活动。在这一过程中,大学生志愿者将所学专业知识应用于实践,在将相关科学知识、专业领域的前沿热点问题以浅显易懂的语言、实验表达给少年儿童的同时,充分锻炼了大学生志愿者的组织、沟通、表达、动手等方面的能力。7 年来,培养出了一批兼有理论和实践能力的高素质大学生,骨干志愿者有 60% 的人被保送免试读研,涌现出2018 年江苏省大学生年度人物 1 人。

第三，从社会效益方面来看，有助于降低中低家庭教育负担，构建和谐社区，服务地方经济发展。本研究的初衷，目标就在于为中低收入家庭的少年儿童提供免费的、送上门的科普小实验的演示，开展科学教育。一方面，这种课后或假期的志愿服务，可以以科学课、数学语文等文化课、文体课、艺术课等形式，以组合的形式开展，陪伴乡村留守儿童、城市社区中低收入家庭的少年儿童成长，为家庭减轻经济负担；另一方面，通过开展定期的社区科学小实验演示活动，吸引大量中低收入家庭的青少年参加课外科普活动，从而增强社区服务居民的能力，有助于吸引社会力量参与社区治理，提高社区服务水平，加强社区凝聚力，降低社区管理成本，构建和谐社区。

第四，从公共管理的角度，有助于以较为高效的方式，充分挖掘社会资源，开展少年儿童科普教育。从国家的长远发展来看，深入实施科教兴国战略，开展科学教育，提高全体国民的科学素养，在此背景下，通过充分调动各方面的资源，比如非政府组织、公益组织、企业等各方面力量，提高全民科普教育的效率。其中，鼓励和引导具有较高专业素养、具有较多时间和精力的大学生，参加少年儿童的科普教育，符合国家关于开展科学普及教育的相关政策和规定，是一项利国利民的长远战略，既降低了成本，提高了教育质量，也在全社会中营造出崇尚科学、参与科学探索的社会氛围。在项目实施的过程中，得到了南京市江宁区政府、汤山街道、秣陵街道等各级政府的支持。

二、理论价值

首先，对现有理论进行系统梳理，总结不足之处，有针对性地开展相关研究。其有助于进一步梳理新时代背景下实践育人途径和相关载体，分析研究大学生志愿服务的现有研究成果及存在的不足，进一步深入分析大学生开展科普志愿服务的相关理论。

其次，形成实践调研报告。在理论综述研究的基础上，对当前大学生科普志愿服务的现状进行深入的调查、访谈，特别是在新时代背景下，疫情常态化防控的情况下，更需要对大学生参与科普志愿服务的实践状况进行调研，形成实践调研报告。

最后，形成一定的理论独创成果。本研究的重点是，在大学生科普进社区方面，对实践育人背景下大学生开展科普志愿服务方面的实践进行研究和总结，形成相关的理论对策和建议。

三、研究内容

在理论方面,系统梳理关于实践育人、少儿科普、大学生志愿服务这三个关键词相关的现有研究成果,特别是国内外研究现状。在少儿科普方面,我国起步较晚,而西方一些发达国家形成了一些比较成熟的方案,值得我们学习借鉴。通过研究提出一些符合我国新时代特点和实际的少儿科普工作建议,研究如何发挥大学生志愿者在其中的重要作用。深入分析影响大学生参与志愿服务活动的因素,探讨开展志愿服务的载体以及必须遵守的基本原则,为开展大学生科普志愿服务活动提供一些理论指导和建议。

在调查研究方面,本研究在开展过程中,进行了长时期、大范围的调查问卷、访谈,遍及了全国十几个省份,完成调查问卷数千份,取得了两方面的效果:一方面,深入了解当前少儿科普工作的开展现状,开展少儿科普的主要途径等;另一方面,通过深入调查访谈,了解少年儿童、学生家长、志愿者、社区、学校等方面对本项目开展的评价,从而有助于提高大学生开展少儿科普志愿服务的水平。

在实践开展方面,本研究就是基于这一领域的理论和实践探索,自 2016 年开展科普小实验进社区志愿服务活动以来,在全国各地志愿服务十多个省的近百个村庄、社区,服务少年儿童超过万人,参与的志愿者超过了 500 人,获得了各个方面的认可。以实际行动服务地方经济发展,锻炼大学生志愿者的实践能力,提高了大学生综合素质。在实践中,及时进行理论总结,以期指导继续开展科普志愿服务活动,提高服务水平。

四、研究方法

1. 调查研究法:通过问卷、座谈、观察等方式,对城市社区与边远地区青少年科普情况进行跟踪调查,掌握丰富的第一手材料,为课题研究提供充足的事实依据,并及时调整实践方案。

2. 行动研究法:在实际工作中寻找课题研究的立足点,在开展青少年科普活动的同时进行调研,使得研究者与实践者互为一体,贯彻边研究边改革的精神,致力于让城市社区与边远地区青少年科普情况得到切实改善。

3. 文献研究法:搜集、整理、掌握关于现今国内外对城市社区与边远地区青少年科普情况与课题相关的论文、论著。

4. 个案研究法：对课题研究范围内的单一对象（城市社区与边远地区青少年等个别典型）进行深入、全面的分析调查，揭示城市社区与边远地区科普工作的规律和本质。

第二章
实践育人及路径

第一节 实践育人

一、传统教育中的实践观

实践观是传统教育的主要内容之一。传统教育是什么样的教育呢？传统教育在中国至少有几千年的历史，并且在《学记》《论语》中有相当成熟而自信的表述。即使到了今天，中国人在价值层面的认知主要还是由传统教育所塑造，中国的现代教育远远没有完成。因此我们依然生活在传统教育的影响之中，我们的整个观念大部分都来自传统教育的深处。传统教育不存在了，并不意味着传统教育的影响消失了，它已经渗透在整个民族的集体无意识当中。

罗庸在一次学术讲演中论及现代教育问题时说：吾国教育，自昔以培养人材为其职志，此人材为能尽性尽伦之完人，国家初未计较其必如此贡献才力于国家，所谓学则三代共之，皆所以明人伦也。欧西则视教育为工业的，出品多寡，悉按照国家之需求，教育目的厥在求国家的发展。他说得很清楚，中国的传统教育重在"明人伦"，即为己之学。而现代教育多仿西洋，有国家目的在内，已变成"学以为人"。

简言之，传统教育的目标在于，把人培养成为一个全面的、优秀的人才，培养成为"治国平天下"的熟悉掌握儒家经典和伦理道德的杰出人物，成为光宗耀祖的圣贤。而现代教育的目标在于，把人培养成为社会中的合格一员，不仅包括学会处理人与人、人与社会的关系，还包括适应自然、处理好人与自然的关系，成为熟悉自然社会环境的一员。

传统教育的内容是什么呢？传统教育既涵盖了经典教育，也涵盖了蒙学教育，把蒙学教育和经典教育合在一起，就是中国的传统教育。抛开了蒙学教育的经典教育，不是全部的传统教育，换句话说，传统教育也不能单独由高线的经典教育决定，它同样涵盖了低线的蒙学教育，如《三字经》《百家姓》。

传统教育是向后看的，它最关心的问题是诠释经典，就是解释固有的那些典籍，尤其是孔夫子他们的典籍。一个人如果对典籍越精通，解释得越靠得住，就是教育成功的标本，这是传统教育给出的一幅画面。它的视角是往后看的，因为经典是过去的。什么叫经典？就是古已有之的，并在长久的时间中沉淀下来成为经典的那一部分。所谓"经者常也"，"经常"可以组成词，经典也就是常典，是经过时间的筛选，为世人所公认的，已经习以为常的典籍。向后看，可以说是中国传统教育的一个基本特征。

那么，现代教育是什么？现代教育是向前看的产物，它的目的是探索未知，它总认为现在比过去好，将来比现在还要好，是往前看的。这个"向前看"的视角是不是一定超越传统教育"向后看"的视角，就一定那么好呢？那也未必。向前看，同样也有自己的盲点和误区。教会学校倒是有自己的视角，因为教会办学不是以教育为最终目的，而是以传教为目的，它的视角是向上看，归向上帝才是它的终极目标，读书只是工具，不是目的。

在《再论教育的忏悔》一文中，潘光旦认为，近代所谓新教育的大错误，便在奢谈各式各样的教学方法而不讲求好榜样或好楷模的授受。而教育的本意就是好榜样的授受与推陈出新。在传统的教育，甚至是在社会伦理的形成中，通过历史记载、口口相传等方面，树立了人们学习的榜样。而好榜样的三个来源：一是过去的贤人哲士；二是在权位而从政的人，古代官、师不分，"官"和"师"的字根部分相同，就是官要做民的表率，兼负教养两大责任；三是师道，师要为人师表，即"行可以为表仪者"和"人之模范"。学校最大的错误就是只灌输知识，培养一个囫囵的人。《易经》所说"蒙以养正"，就是强调人格教育。他说，教育不能供给做人的榜样，……这是近代教育在方法上的最大的错误，错误了应该忏悔。

传统儒家教育的目标在于维护封建王朝的统治，这就决定了教育的最主要的内容，就是封建的礼仪规范和纲常伦理教育。社会是人的社会，是由无数个个体组成的,每一个个体的目的和利益不尽相同,要是没有一个统一的道德规范去约束,社会就会陷入混乱,就不会有序运转。这种共同的道德规范一方面表现为统治阶级通过强权和暴力的方式来维持规范的实施,另一方面是针对不同等级、不同特点的人采取不同的教育方式,即伦理规范和封建纲常教育。

儒家经典中的"礼",包含两个层面的释义,首先指日常生活中形成的生活规范,其次指不同时代所形成的社会道德规范。这种"礼"以强制的形式约束人们的日常行为,成为社会中不可缺少的工具,一直是科举制度下考核的主要内容之一。

在传统教育中,主要的教育方法是榜样示范、教与罚相结合、风俗熏陶等几种,还非常重视实践锻炼的教育方式。实践锻炼法也称实践强化法,是指在实际活动中进一步地强化人们已有的社会规范或理论认识,以达到理论和实践的进一步融合。加强实践强化是人们在充分认同教育内容的基础上,通过实践活动进一步对其进行印证、检验和巩固。

孔子在教育自己的弟子时,常常运用这种方法,他不仅要让学生了解理论,更要让弟子将这种理论运用到实践中去,即在"言"与"行"的关系上,孔子更加注重"行"的作用。同时,他还告诫自己的弟子不仅要观察一个人的言语还要看他的行为是否正确,评价一个人不能单靠外界的言论,还要看他的行为是否符合社会道德规范,"躬行践履"说的就是人的言行要一致。《论语·公冶长》中说:"始吾于人也,听其言而信其行;今吾于人也,听其言而观其行。"可以看出孔子时时刻刻都注重"行","行"就是亲身亲为的实践经验。

汉武帝罢黜百家独尊儒术,也正是看到了儒家思想在治国理政之中的重要实践成效,主张"学而优则仕"的儒家思想,培养出了一批批高素质的人才,他们积极投身于为民造福的经世济民之中,在仕途中积极有为,成为圣贤。这一思想的本质,在于教育中教授经世济民的经略之策,注重培养学生的实践能力。相对而言,放弃了道家的"无为"而治,顺其自然的思想和教育路径,有效地巩固了封建皇权的专制统治。

唐代的柳宗元提出"明道""行道"的教育主张,并将其积极付诸实践,通过参与实际的活动来进一步强化和印证自己的主张。柳宗元主张,要想将国家治理好,必须要关注和解决社会问题,进行改革,废除损害公共利益的政治措施,要使国家繁荣振兴,就要培养"明道""行道"、具有"生人之意"志向的君子来济世安民。

儒学一直提倡经世致用,并且注重实践,也是"朱子学"的特色。对儒家学者来说，一旦有了合适的职业和地位，他们都会谋求实现更高的人生价值。论知行，知、行常相须，如目无足不行，足无目不见。论先后，知为先；论轻重，行为重。论知之与行，曰："方其知之而行未及之，则知尚浅。既亲历其域，则知之益明，非前日之意味。"圣贤说知，便说行。《大学》说"如切如磋者，道学也"，便说"如琢如磨者，自修也"。《中庸》说"学、问、思、辨"，便说"笃行"。颜子说"博我以文"，谓致知、格物；"约我以礼"，谓"克己复礼"。

在知和行的关系方面，强调知行相辅相成，缺一不可，就像眼睛和脚的关系。论轻重，实践是重点，致知、力行，用功不可偏。偏过一边，则一边受病。作两脚说，但只要分先后轻重。论先后，当以致知为先；论轻重，当以力行为重。圣贤千言万语，只是要知得，守得。只有两件事：理会，践行。作为一名学习者，作为学生，不仅要学好理论，更要注重实践。

王阳明的心学，是一门重视实践的知行合一的学说。只强调博闻强识，不修德行，或者对经世致用漠不关心，这些都违背了阳明学的主旨。阳明学被认为是行动哲学，其实还与王阳明独创的"知行合一"说有关。"知行合一"说的中心是"行"，而不是"知"，这是一种实践主义的思想。所谓的"行"，并不是与"知"对应的"行"，也不是局限于具体的实践行动。王阳明曾说，一念发动处即是行。可以看出，"行"包含的范围很广，心中萌发意念也可以看作是"行"。

王阳明是这么说的，更是这么做的，而且成效突出，无论是在地方治理方面，还是在军事平叛方面，王阳明一再用实际行动交出了让人叹为观止的成绩单。他不仅恩威并施，剿灭了祸乱广东、福建、江西的匪徒，更是以极大的勇气和智慧，平定了宁王之乱，此后，更是拖着病体，平定了祸害广西十几年的叛乱。也正是这样让人叹为观止的功绩，可以说是力挽狂澜，让大明王朝又保持了一段时期的稳定繁荣，也让王阳明知行合一的心学，曾经在创立之初被无数人嘲笑的学说，在全国范围内，被广泛接受，并一直影响至今。在立功、立德、立言方面均有杰出表现的王阳明，也被广泛认为是孔子之后的又一位圣人。在商场如战场的今天，仍有不计其数的人将王阳明的知行合一学说奉为圭臬。

二、近代教育中的实践观

1. 陶行知"教学做合一"思想。近代杰出的教育家陶行知先生，早在1926年就对实践育人高度重视，提出了"教学做合一"的主张，"教的法子根据学的法子，学的法子根据做的法子。事怎么做就怎么学，怎么学就怎么教"。

1927 年，陶行知先生对"教学做合一"讲得更加明确："教学做是一件事，不是三件事。我们要在做上教，在做上学。在做上教的是先生，在做上学的是学生。从先生对学生的关系说，做便是教；从学生对先生的关系说，做便是学。先生拿做来教，乃是真教；学生拿做来学，方是实学。"到 1931 年，陶行知先生在《教学做合一下之教科书》中又复述了上述内容，还特别作了具体说明："'教学做合一'是生活现象之说明，即是对教育现象之说明。在生活里，对事说是做，对己之长进说是学，对人之影响说是教。教学做只是一种生活之三方面，而不是三个各不相谋的过程。同时，教学做合一是生活法，也就是教育法。"在这里，陶行知先生突出了以做为中心，并落脚于相教相学这个人生活动的普遍现象上。

显然，"教学做合一"理论就认识论而言，它强调的是实践第一性，即所谓"行是知之始"。这种强调感性认识的主张，对于长期生活在象牙塔中的大学生而言，更具有特殊意义。长期以来，我们的教育重在于灌输性的理论教育、宣导，缺乏劳动教育和实践教育，缺乏深入社会、将理论应用于实践。再有，"教学做合一"并不主张盲目地行动，它不仅要求对间接知识的集约化传授，而且一定要做到在"劳力上劳心"，在动手的基础上动脑，从而体现出教育性。可以肯定地说，"教学做合一"是一种全新的教育方法论。

陶行知"教学做合一"教育思想的精髓在于"做"，教即是做，学也是做，凡"事"以"做"为中心。"教学做合一"教育思想认为：教学做是一件事，不是三件事。要在做上教，在做上学。"教学做合一"教育思想，结合高等职业教育教学，就是要以实践教学为中心，在实践教学上下功夫，提倡老师在做中教，学生在做中学，实践教学与理论教学合一。只有在实践中，才能实现真正掌握所学知识，增长才干，"做"是通过实现发展的一种途径，只有"在做中学，在学中做"，才能激发学生的学习热情，实现综合素质提高和德智体美劳全面发展。

2. 黄炎培的"大职业教育观"。相比于传统上的学历教育，职业教育更加注重实践教育。近代著名的教育家黄炎培，在长期的职业教育实践中，形成了一个完整的"大职业教育观"。他认为，职业教育的作用在于"谋个性之发展""为个人服务社会之准备""为国家及世界增进生产力之准备"，教育的最终目的是"使无业者有业，使有业者乐业"，其办学宗旨、培养目标、办学组织、办学方式均体现社会化，教学原则必须遵循"手脑并用""做学合一""理论与实际并行""知识与技能并重"等原则。

1926 年，黄炎培进一步提出"大职业教育主义"的主张，要求从事职业教育的工作者和社会各界的活动互相沟通，以打开发展的局面，并且与职业教育、职业补习教育、农村职业教育实验区的工作结合起来,用职业教育带动城市、农村的改造。这种大教育思想已经超越了传统的教育范畴,直接参与社会改造。

黄炎培的职业教育思想不仅在当时产生了深远的影响,在 21 世纪的今天它仍具有很强的现实针对性和理论生命力,能够给我国职业教育的发展提供更深层次的理论借鉴意义,对当代高校专业学位教育也具有参考意义。

黄炎培先生在长期从事职业教育教学过程中,总结出一套符合职业教育规律的教学原则——"手脑并用"。他多次强调,职业教育的一个原则,就是手脑并用,学做合一,理论与实习并行,知识与技能并重。如果只重视书本知识,而不去实地参加工作,是知而不能行,不是真知。须"手脑并用""一面做,一面学,从做里求学","单靠读书,欲求得实用的知识和技能,有人说只等于陆地上学泅水是万万学不成的"。

这些论述直到今天仍然是科学的,值得我们学习和借鉴。当前的普通高等教育,仍存在"重学历、轻技能"的观念,在黑板上"讲种田、机器制造、操作"等技能,结果学生毕业后"手脑并用"能力较差,动手实践操作能力差。因此,"教学做合一"的教学原则,在普通高等教育的第二课堂中,应该大力推广,让学生深入社会、深入企业、深入社区,长期开展志愿服务、实习实践、创新创业实践,与课堂形成相互的协同,提高学生综合素质,培养契合新时代社会发展所需要的复合型人才。

三、马克思主义实践观

马克思在《关于费尔巴哈的提纲》中指出,从前的一切唯物主义(包括费尔巴哈的唯物主义)的主要缺点是,对对象、现实、感性,只是从客体的或者直观的形式去理解,而不是把它们当作人的感性活动,当作实践去理解,不是从主体方面去理解。马克思主义实践观认为实践与认识是辩证统一的,实践是认识的来源,实践是认识的基础,实践决定认识,反过来认识对实践具有一定的反作用,这从根本上区别于旧唯物主义只是简单地把实践当作对对象或是客体的直观的、表面的理解。

马克思主义实践观把实践理解为人所特有的对象性活动。在这里,马克思首先肯定了实践的"属人"特性,这使人的实践区别于动物对自然界被动的适应行为,即人的活动是积极自主的、有意识的,而动物只是按照自己的尺度去生存、去适应自然界。人对客观对象的行为,是通过实践活动认识和利用客观规律,使物按照人的方式同人发生关系并为人所利用。其次,马克思强调了实践的创造性作用。人的创造性思维来源于实践,在实践活动中,人创造出自然界本来就没有的东西。人对自然界、对社会的改造本身就是一个再创造的过程,没有创造就不会有适合人类生存和发展的属人的世界。实践是主体对象化和客体非对象化的过程,使人与物的关系由物支配人变成人支配物,确立了对客观世界的主体性作用。在实践活动中,人按照事物的客观规律去改造对象世界,使其为人所占有和利用,这充分显示了人的主观能动性和主体性意识。因而,实践是人的主体性得以充分施展和主体意识提高的过程。

马克思主义实践观认为实践具有物质的、客观的、感性的特征。这一定义承认了实践的直接现实性,说明实践是以"感性"的方式来把握客观世界,而不是以精神的、观念的方式来把握客观世界。用实践改造客观世界的方式区别于直接自然物的存在,直接自然物的存在不包含人的主观能动的思想活动,没有理论与实践的相互作用关系;而实践活动则不同,它是人将自己作为基本的物质力量,遵循一定的客观规律,按照人们的意志,运用一定的物质手段改造客观世界。实践从人的主观精神世界里来,外化为客观的物质实在,人通过自身的物质力量不断地改造自然界、人类社会和人本身以不断满足自身在物质、精神等各方面的需求。人通过螺旋式的实践、认识、再实践、再认识的过程,不断地检验自己的观点和计划是否符合客观实际,这也是"实践是检验真理的唯一标准"的理论依据。

马克思主义实践观认为实践是认识社会的基础,是其动力和源泉。社会生活在本质上是实践的。凡是把理论引向神秘主义的神秘东西,都能在人的实践中以及对这个实践的理解中得到合理的解决。人们通过自身的物质力量有计划、有目的地改造客观世界,在这个过程中不断地创造自我。只有通过人有目的的实践活动,社会生活乃至整个世界才能按照"属人"的方向发展,才能满足人的多方面的需要。从发生学意义上讲,如果没有人和人的实践活动,也就没有人的社会生活,没有人化自然世界。实践在人的社会化过程中起着决定性的作用。科学家的科学实验,也在部分程度上证明,人只有在社会实践中,与人的交往中,才能成为真正意义上的社会人,社会人不是在真空中的与世隔绝的人。

高等教育要以立德树人为根本目标,按照马克思主义实践观,就需要高校与时俱进,按照学校和社会的实际,来加强实践育人,把学生放到实践中,去培养,去立德,而不是圈禁在象牙塔中,像处在真空中的花朵,脱离了社会,即使看着漂亮。但是,当学生进入社会以后,禁不住风吹雨打,更受不了挫折、失败、批评,不能适应用人单位的需要。高校的产品是毕业生,是为了满足用人单位对高层次人才的需求,也要注重用人单位的评价和反馈。

实践育人是一种与时俱进的教育方式。我们不是以主体表象的方式来认识世界,而是作为行动者来把握、领悟。我们借以发现自身的可能性,从表象转向操作,从所知转向能知,但并不否认科学有助于揭示周围世界这一种常识性观点。这说明了人首先是通过实践活动来认识和把握客观世界的,而不是通过感官思维活动来感觉外在客观世界。人通过对客观世界直接现实性的活动来获得对外部客观世界的新认识,同时,这种反复的直接现实性活动也改变着我们认识客观世界的方式和视角。实践是人类特有的存在方式,学习者通过实践活动获得和对象物直接接触的机会,在和其不断相互作用的过程中不断地积累个人经验以获得对事物更丰满的认识,从而不断提高自身各方面的能力。

随着现代科学技术飞速发展,各种多媒体工具不断更新,实践教学的途径和方式也呈现出多样化态势。实践教育,可以将校内与校外实践学习相结合,引进专家、企业家进课堂给学生传授社会理论经验。另外,引导、组织并鼓励学生到社会中去锻炼,比如组织、指导学生到企事业单位、街道、农村、市场等参观访问、社会考察和调研,鼓励并动员他们参与"三下乡"、青年志愿者和社会工作等活动,这些内容丰富、形式多样的实践教学方式,是可行的有益的实践育人的重要途径。通过这些多样化的实践教学形式,可以进一步提高学生对所学理论知识的理解程度,学会运用理论知识去分析问题和解决问题,从而更好地实现社会化目标,促进当代青年成长成才。

实践育人要注重促进人的全面发展。马克思主义实践观认为,实践活动中人是主体,无论是在改造客观世界还是在改造自身的过程中都发挥着重要作用。一个人在自身的发展历程中最重要的就是改造自身的活动,人能通过自身的实践活动提高个人素质和能力水平,若是没有在实践中得到历练,个人就不会有大的发展和成就。

正如马克思所指出的"生产者也改变着,炼出新的品质,通过生产而发展和改造着自身,造成新的力量和新的观念,造成新的交往方式,新的需要和新的语言"。人们在改造对象世界的实践活动中,同时也在改造着自身的主观世界。在实践过程中,人们获得了知识和技能的提升,随着世界观、人生观和价值观的形成,个人能力、素养和个性也得以体现。所以,在实践育人的过程中,要开展一些综合性的、导向性的校内校外相结合的实践教学活动。大学生以主体性的身份和体验式的方式参与其中,在潜移默化中获得对社会、对政府等公共部门的感性认知,从而与课堂上的理论学习相结合,夯实大学生的集体主义理想信念、爱党、爱国、爱人民的信念,并逐步积累生活经验,提高适应社会、处理问题的能力,促进综合素质的发展。

实践育人可充分发挥大学生的主观能动性,帮助其建构新的知识体系。马克思主义实践观认为,在实践活动中,人是主体性的力量。实践育人过程中,遵循的一条基本教育规律就是:大学生是自我教育的主体、是实践活动的参与者和学习者,而教师只是基于基础知识发挥引导作用。"认识这一规律的重要意义在于必须使学生在教学过程中活动起来。既动脑,又动手、动口,积极参与教学过程,而不是静听、静观,这是涉及教学观念变革的一项具有根本意义的变革。"在社会实践的过程中,大学生是活动的直接参与者,他们利用已有的知识理论体系观察身边的事物,以发现新的现象及问题,并将已发现的现象和问题带到学习、科研中,然后在分析研究中,提出一些见解和建议。通过这样的方式,大学生在充分发挥自身主观能动性的过程中提高了观察事物的能力,学到了解决问题的方法,同时还培养了独立探索、学习的能力。

第二节　实践育人思想

一、西方实践教育思想

1. 杜威的"实用主义"教育思想。19 世纪末 20 世纪初,在美国资本急需大量拥有先进技术雇员的背景下,约翰·杜威敏锐地指出美国现行职业教育的不足,以实用主义哲学为基础,提出了实用主义教育理论。

实用主义教育思想最重要的教育理论有三个,其一是经验改造。他认为,教育是一种永久事业,是人与环境作用之"经验"的不断重组,其目的在于提高人的能力和素质,即他认为学生知识的获得不是靠老师直接传授的,而是学生把这些被传授的理论知识组织到自己已有的经验中去,这就是杜威从经验论的角度出发提出的经验改造的观点。其二是"以儿童为中心"的理论。他批判传统教育以"课堂、教师、书本"为中心的教学方式,指出学校教育的开展应以儿童为中心。其三是"从做中学"。教师作为学生学习的指导者,为他们提供学习资料,由学生自己提出问题的解决方案,然后验证、得出结论。"从做中学"理论真正体现了知与行的结合,彰显了高等教育的特征。这种理论的提出和实施激发了学生的学习兴趣,使学生的课堂学习更贴近社会和生活,能促进他们通过积极参与实际活动有效地将课堂理论知识转化为实践能力,提升综合能力和综合素质。

2. 福斯特教育思想。福斯特的职教理论是当今世界职教发展的指导思想,他指出职业技术教育必须以劳动力就业市场的需求为出发点,受训者在劳动市场中的就业机会和就业后的前景是职业教育发展的关键因素;偏重学术的教育造就了学生轻视体力劳动的态度,增加了失业率;职业教育的重点是非正规的在职培训;在中低级人才培养上,走产学研结合的道路才能解决"教育脱离工作岗位实际需求"的弊端。

其中,以劳动力市场需求为出发点,通过产学研结合的人才培养模式进行职业教育与培训的观点为当今职业教育进一步发展提供了理论借鉴。福斯特认为,只有以市场需求为出发点,增加职校学生的就业率,职业教育才会进一步发展。办学目标、教学方式、培养模式、课程设置等都应该注重实践性,满足市场对技能型人才的需求。在课程形式上,职校要多设工读交替的"三明治"课程和短期的实效性课程,实践课尽量在具有真实工作情景的企业内进行。

这种实践教育的思想,一方面对于我国开展高等职业教育,具有一定的参考意义;另一方面,对于普通高等教育,也具有重要的意义。要以就业市场、用人单位的需要为导向,提高学生的实践能力。相对于以高考为导向的应试教育在进入高等教育阶段后,实践教育显得尤为重要。

二、新中国实践教育思想

1921 年中国共产党成立后,党章规定把共产主义青年团提高到"党的助手和后备军"这一重要的位置,并认为青年应该在条件艰苦、环境恶劣的地方锻炼,磨炼意志。之后历届领导人都非常重视青年的教育问题。

以毛泽东、邓小平、江泽民、胡锦涛、习近平为领导的中国共产党人,将马克思主义实践观、实践育人观应用于解决中国的实际问题,实现了从站起来、富起来到强起来的伟大跨越式发展,中国仅仅用了几十年,走过了西方发达国家几百年才完成的工业化发展道路,正在走向世界舞台的中心,也正在经历百年未有之变局。

马克思主义的教育与生产劳动相结合的教育理论从全面发展和全面教育的角度出发,分三方面来阐述:一是教育与生产劳动是改造现代社会最有力的手段之一;二是教育与生产劳动相结合是提高社会生产的一种方法;三是教育与生产劳动相结合是培养全面发展的人的唯一方法。毛泽东将这一理论与中国国情相结合,进行了新的探索。毛泽东把改造自然、改造社会及人的培养作为根本出发点,提出体力劳动和脑力劳动相结合的思想;邓小平将教育与生产劳动相结合作为提高综合国力、促进社会发展、培养合格人才的重要举措,指出"为了培养社会主义建设需要的合格人才,我们必须认真研究在新的条件下,如何更好地贯彻教育与生产劳动相结合的方针",强调"现代经济和技术的迅速发展,要求教育质量和教育效率的迅速提高,要求我们在教育与生产劳动相结合的内容上、方法上不断有新的发展",否则,学生学的知识和将来要从事的职业不相适应,学非所用,用所非学。

不仅在理论上,在政策的实施上,党的领导集体将实践作为培养青年一代知识分子的重要途径,提出了一系列战略举措,其中,知识青年"上山下乡"运动是一个重要战略。该运动是为了提高知识青年实践能力,促进农村经济发展,由毛泽东等党中央领导人号召大量知识青年返回家乡支持农村经济和社会建设的社会实践运动,该运动持续时间长、涉及面广、影响深远。

真正意义上的"上山下乡"始于 1955 年 8 月 9 日,北京青年杨华、李秉衡等人向共青团北京市委提出到边疆去垦荒,11 月,获得北京市团委的批准与鼓励,随后引起城市广大知识青年到农村和边疆垦荒的热潮。知识青年"上山下乡"这个概念的第一次提出是在 1956 年 10 月 25 日,中共中央政治局关于《1956 年到 1967 年全国农业发展纲要(修正草案)》的文件中,同样,这个修正草案也是知识青年上山下乡的一个标志。毛泽东发出"农村是一个广阔的天地,到那里是可以大有作为的""知识青年到农村去,接受贫下中农的再教育,很有必要"的指示。1957 年,毛泽东在党的宣传工作会议上再一次提到了青年知识分子改造、鼓励其到艰苦的地方去历练的问题,他谈道:知识分子也要改造,不仅那些基本立场还没有转过来的人要改造,而且所有的人都应该学习,都应该改造。我说所有的人,我们这些人也在内。情况在不断地变化,要使自己的思想适应新的情况,就得学习。毛泽东认为要想实现民主改革和社会主义工业化就首先要改造知识分子的思想。"对知识分子,要办各种训练班,办军政大学、革命大学,要使用他们,同时对他们进行教育和改造"。1968 年毛泽东再次说服群众将自己的子女送到贫困农村地区去劳动和再教育。据统计,全国总共有 1650 万知识青年响应毛主席号召投身农村的实践中锤炼自己，这是中国知识青年自我改造、重塑知行观锻炼的一次运动，他们在实践中学会了思考、务实、知与行、权衡与理性。

改革开放以后，以邓小平为代表的党的领导集体，提出"实践是检验真理的唯一标准"，特别强调以是否符合实际的需要，是否符合人民日益增长的物质需要，来思考问题解决问题。邓小平多次强调，不抓科学、教育，四个现代化就没有希望，就成为一句空话。"经济发展得快一点，必须依靠科技和教育。"他特别指出，这是"作为一个战略方针，一个战略措施来说的。从长远看，这个问题到了着手解决的时候了"。"我们要千方百计，在别的方面忍耐一些，甚至于牺牲一点速度，把教育问题解决好。"教育要面向现代化，面向世界，面向未来。教育事业的发展要成为整个社会主义事业的重要组成部分，要同社会主义建设的要求相适应，这是邓小平提出的改革开放和社会主义现代化建设新时期中国教育改革和发展的指导思想。教育要面向现代化，就是要面向我国的社会主义现代化。党的十一届三中全会后，党和国家的工作重心转移到经济建设上来。邓小平指出："我们当前以及今后相当长一个历史时期的主要任务是什么？一句话，就是搞现代化建设。能否实现四个现代化，决定着我们国家的命运、民族的命运。"包括教育在内的各行各业都要围绕这一中心任务来开展工作，服从和服务于这一中心。

坚持教育为社会主义现代化建设服务，培养社会主义现代化建设所需要的合格人才，是学校坚定正确的政治方向的集中体现。邓小平指出，"学校应该永远把坚定正确的政治方向放在第一位""培养社会主义新人就是政治"。学校把坚定正确的政治方向放在第一位，就是要牢固树立教育为社会主义现代化建设、为工人阶级和广大人民群众服务的观点，把培养和造就社会主义新人作为首要任务。邓小平反复告诫，一定要加强学校的思想政治教育（包括道德教育），呼吁从事教育工作的同志，整个社会的家家户户，都来关心青少年思想政治的进步。

培养社会主义新人，就要把德智体几方面的全面发展作为培养人才的质量标准。邓小平指出："我们的学校是为社会主义建设培养人才的地方。培养人才有没有质量标准呢？有的。这就是毛泽东同志说的，应该使受教育者在德育、智育、体育几方面都得到发展，成为有社会主义觉悟的有文化的劳动者。"同时，教育必须与生产劳动相结合。

邓小平指出，在无产阶级取得政权后，教育与劳动相结合，是"培养理论与实际相结合、学用一致、全面发展的新人的根本途径,是逐步消灭脑力劳动和体力劳动差别的重要措施"。他明确要求,为了培养社会主义建设需要的合格的人才,我们必须认真研究在新的条件下,如何更好地贯彻教育与生产劳动相结合的方针。现代经济和技术的迅速发展,要求教育质量和教育效率迅速提高,要求我们在教育与生产劳动结合的内容上、方法上不断有新发展。这种实践育人的思想,在高等教育中的贯彻落实,极大地促进了我国高等教育人才培养的健康发展,为我国经济发展培养出了一批批既掌握专业前沿知识,又具有较高实践能力的、符合社会需求的高素质人才。

江泽民高度重视学生的社会实践教育,特别是加强校外、课外的教育,以及艰苦的锻炼。他指出,有一些学校和地方,对学生的知识教育和学校的设施建设抓得比较紧,而对学生的思想品德、纪律法制教育,对学生在校外活动的情况,抓得比较松,有些学生在社会上接受了不良影响,有的甚至走上了违法犯罪的道路。这些问题,必须引起各级党委、政府和各级教育部门的高度重视,对学生的教育工作特别是思想品德教育、纪律法制教育,校内校外、课内课外,都要抓紧,一点放松不得。学校与家庭要求和鼓励青少年勤奋学习、刻苦钻研是对的,不经过艰苦的学习和锻炼,年轻人是很难成长起来的,但一定要有正确的指导思想和教育方法。

不能整天把青少年禁锢在书本上和屋子里,要让他们参加一些社会实践,打开他们的视野,增长他们的社会经验。学校是培养人才的重要园地,教育是崇高的社会公益事业。在我们的国家,各级各类学校都要认真贯彻执行教育为社会主义事业服务、教育与社会实践相结合的教育方针。

社会主义改革开放和现代化建设,为年轻一代的成长提供了广阔的舞台,只要他们有为祖国、为人民贡献青春的志向,满腔热情地投入建设祖国的伟大事业中去,认真学习和掌握实践知识与技能,把自己的聪明才智奉献给祖国和人民,就一定能够成长为有用之才。学校接受的还只是基本教育,尽管这个基本教育十分重要,但毕竟不是人生所受教育的全部,做到老学到老,人才的成长最终要在社会的伟大实践和自身的不断努力中来实现。这个观点,要好好地在全社会进行宣传。

教育是个系统工程,对教育事业,全社会都要来关心和支持。尤其是要加强对青少年学生进行爱国主义、集体主义、社会主义的思想教育,帮助他们树立正确的世界观、人生观、价值观。抓好教育和青少年学生的思想工作,直接关系到我们实施科教兴国战略能否取得成功,关系到我国社会主义现代化建设能否取得成功，大家都要从这样的高度来认识问题，开展工作。

胡锦涛指出，高等教育要坚持以人为本、全面实施素质教育。这是教育改革和发展的战略主题，是贯彻党的教育方针的时代要求，核心是解决好培养什么人、怎样培养人的重大问题，重点是面向全体学生、促进学生全面发展，着力提高学生服务国家服务人民的社会责任感、勇于探索的创新精神、善于解决问题的实践能力。

坚持以人为本，在教育工作中的最集中体现就是育人为本、德育为先。德是做人的根本，只有树立崇高理想和远大志向，从小打牢思想道德基础，学习才有动力，前进才有方向，成才才有保障。要把育人为本作为教育工作的根本要求，加强理想信念教育和道德教育，把社会主义核心价值体系融入国民教育全过程，深入推动中国特色社会主义理论体系进教材、进课堂、进头脑，引导学生形成正确的世界观、人生观、价值观，坚定学生对中国共产党领导、社会主义制度的信念和信心，培养学生团结互助、诚实守信、遵纪守法、艰苦奋斗的良好品质，树立社会主义民主法治、自由平等、公平正义理念。要把德育融入学校课堂教学、学生管理、学生生活全过程，创新德育观念、目标、内容、方法，充分体现时代性，准确把握规律性，大力增强实效性。

坚持以人为本，在教育工作中的重要着眼点是全面提高国民素质。这就需要全面实施素质教育。实施素质教育不仅涉及教育各个阶段和领域，更涉及文化传统、经济发展、社会结构、用人制度等方方面面，必须统筹兼顾、协调推进，切实把实施素质教育这件大事抓紧抓好、抓出成效。

要促进学生全面发展，优化知识结构，丰富社会实践，加强劳动教育，着力提高学习能力、实践能力、创新能力，提高综合素质，加快改变学生创新能力培养不足状况。要把人人可以成才的观念贯穿教育全过程、贯穿社会各行各业，把培养人的创造性和培养拔尖创新人才有机统一起来，推进小学、中学、大学有机衔接，教学、科研、实践紧密结合，学校、家庭、社会密切配合，加强学校之间、校企之间、学校和科研机构之间合作以及中外合作等多种联合培养方式，更加重视打牢创新基础、倡导创新精神、激发创新活力，更加重视发展创新文化、完善创新机制、营造创新氛围，大幅提高教育培养创新人才的能力和水平。

党的十八大以来，习近平总书记之所以能够成为全党的领导核心，之所以能够带领全党全国人民披荆斩棘、攻坚克难，和他青年时期扎实的实践锻炼、深厚的经验积累是分不开的。

在全国宣传思想工作会议上，习近平总书记也从我党的前途命运，国家长治久安,民心向聚的高度强调了意识形态工作的重要地位。在世界和平与发展的今天,各国都在为自身的发展和繁荣不懈努力。随着科技迅速的发展和全球性国际交往的日益频繁,世界各地的时空距离逐步缩短,国与国之间相互依存,人与人之间的关系更加紧密,意识形态领域愈显复杂。高校是各种思想文化汇集的地方,大学生的世界观、人生观和价值观还没有完全成熟,因此大学生成了西方国家意识形态渗透的重点人群,高校成了意识形态渗透的主要场地。加强对大学生的思想政治教育显得至关重要,我们必须从战略上高度重视立德树人的根本要求,重视马克思主义在意识形态领域的指导地位,用马克思主义最新理论成果武装头脑,用中国化的马克思主义加强对大学生的价值观教育。

促使社会主义核心价值体系及核心价值观进教材、进课堂、进头脑。当前,伴随着互联网成长起来的95后已成为大学校园里的主要力量,受家庭环境、就业形势及生活方式多元化的影响,大学生群体中出现了信仰缺失、道德沦丧、迷失自我等价值观困境,这给高校思想政治教育工作提出了挑战。对此,在全国范围内,开展了深入学习社会主义核心价值体系、践行和培育社会主义核心价值观等活动,确立了马克思主义的主导地位,为解决大学生的思想困境提供了实践参考。马克思主义的教育与生产劳动相结合的教育理论从全面发展和全面教育的角度出发,分三方面来阐述:一是教育与生产劳动是改造现代社会最有力的手段之一;二是教育与生产劳动相结合是提高社会生产的一种方法;三是教育与生产劳动相结合是培养全面发展的人的唯一方法。

习近平总书记指出,"今天,党和国家事业发展对高等教育的需要,对科学知识和优秀人才的需要,比以往任何时候都更为迫切"。"优秀人才"和"科学知识"是经过实践淬炼的人才和能够服务于实践的成果。每一所学校,唯有深切体会这种迫切感,以实践育人为载体,全面深化教育改革,才能为中华民族的伟大复兴贡献更大力量。

综上,自中华人民共和国成立以来,党和国家领导人高度重视通过实践培养社会主义事业的接班人,培养高素质青年大学生,这就对高校实践育人提出了更高的要求,关系到高校立德树人的根本任务,关系到为谁培养人?培养什么样的人?怎样培养人?在新时代,实践育人无疑对培养高素质大学生,具有十分重要的意义。

第三节　新时代高校实践育人

一、新时代实践育人

习近平新时代中国特色社会主义思想是马克思主义中国化的又一次飞跃，是与时俱进的中国化的马克思主义，新时代背景下，高校实践育人的重要意义体现在以下几个方面。

1. 实践育人是学习贯彻习近平新时代中国特色社会主义思想的根本要求。在党的十八大报告中，"立德树人"首次被正式确立为教育的根本任务，习近平在十九大报告中强调，要落实立德树人的任务，让"立德树人"从理念走向实践。习近平强调"两个巩固"是新形势下宣传思想工作的根本任务，为我们在新的历史起点上开展高校思想政治工作确定了原则、指明了方向。宣传思想工作的环境、对象、范围、方式发生了很大变化，然而变化越大，要求我们越要坚持和巩固马克思主义的指导地位，越要脚踏实地为实现党在现阶段的基本纲领而奋斗。

习近平在全国教育大会上强调，在党的坚强领导下，全面贯彻党的教育方针，坚持马克思主义指导地位，坚持中国特色社会主义教育发展道路，坚持社会主义办学方向，立足基本国情，遵循教育规律，坚持改革创新，以凝聚人心、完善人格、开发人力、培育人才、造福人民为工作目标，培养德智体美劳全面发展的社会主义建设者和接班人，加快推进教育现代化、建设教育强国、办好人民满意的教育。要完成这一教育任务，就要求高校思想政治教育工作不断与时俱进，不断创新教育形式，构建"大思政"格局，充分动员、引导各方面加入大学生教育培养中来，特别是企业、社区、非政府组织、乡村、公共部门等等，运用他们的实践资源和经验，给予青年大学生更多实践的机会，来进一步提高大学生的实践能力。

2. 实践育人是贯彻落实习近平关于高校思想政治教育工作重要讲话精神的有效方法。思想政治教育的实施方法是思想政治教育工作的核心内容，习近平关于高校思想政治教育工作重要讲话精神能否有效地成为大学生的思想转化和觉悟提高的行动指南,关键在于实施方法。随着经济以及信息技术的不断发展带来的一些变化,如文化的多元化、价值观念的多元化、社会环境的复杂化等,高校思想政治教育工作的日趋复杂化,这就决定了思想政治教育要综合运用多种方法,而且要不断创新。高校思想政治教育要因事而化、因时而进、因势而新,综合运用多种思想政治教育方法,提升思想政治教育工作的实施效果。

实践教育法是思想政治教育工作者组织引导教育主体积极参加各种社会实践活动,做到实际参与和思想体验相结合,以提高人们的思想觉悟、认识能力和行为习惯的方法,也是实践育人的途径。习近平总书记在发表2018年新年贺词中强调,幸福都是奋斗出来的。只是空谈,没有奋斗,哪来的幸福,高校的幸福要靠辛勤的劳动来创造。如在对大学生进行社会主义核心价值观的教育中,要把社会主义核心价值观融入实践、融入生活,让大学生在实践中感知它、领悟它。

实践教育的形式是多样的,包括志愿服务、教学实习、参观访问、社会调查等,在高校思想政治教育中,必须针对不同教育对象的实际情况和具体的教育目标、内容来确定实践教育的形式。如通过参观访问、社会调查等研究社会热点问题;通过参观革命根据地、瞻仰烈士陵园、重走长征路等,了解我党的历史等等。总之,要通过具体的社会实践活动,让大学生在亲身参与中了解国情、了解社会,体验生活的不易和劳动的艰辛与意义,增加社会责任感。在组织实践活动时,要精心设计,不能流于形式,否则教育的效果不显著。还有,实践锻炼要持之以恒。尤其是道德的养成、行为习惯的养成不是一朝一夕就能完成的,而是一个长期的、循序渐进的过程,要在反复的实践锻炼中提高道德修养、养成良好的习惯。在实践教育法的各类形式中,他着重强调调查研究的重要性。他认为,没有调查,就没有发言权,更没有决策权,并对新时期的调查研究提出新要求,概括讲就是"准确、全面、深入。""准确",即开展调查研究要调查清楚事情的真相,准确把握问题的本质和规律;"全面",即要多层次、多方位、多渠道地调查,了解情况;"深入",即调查研究要深入实际、深入基层、深入群众,不能"走马观花""蜻蜓点水"。这是总书记对大学生开展调查研究提出的新要求。

3. 实践育人是新时代大学生成才的主要途径。习近平总书记指出,"青年是整个社会力量中最积极、最有生气的力量,国家的希望在青年,民族的未来在青年"。高校大学生是青年群体中的中坚力量,肩负着实现国家富强、民族复兴、人民幸福的时代重任。作为新时代的青年大学生,要牢记习近平总书记的殷切嘱托,抓住时代机遇,树立远大志向,时刻保持昂扬斗志,最重要的是要在实践中淬炼品格、增长本领。青年大学生要勇立时代潮头，积极投身到实现中华民族伟大复兴的实践中去，做新时代的青年追梦人。

习近平总书记在北京大学师生座谈会上号召广大青年学生，"要励志，立鸿鹄志，做奋斗者"。青年大学生要志存高远，要用习近平新时代中国特色社会主义思想武装头脑、指导实践、推动工作，要坚定中华民族伟大复兴中国梦的信心，紧紧围绕在以习近平同志为核心的党中央周围，坚定不移听党话，跟党走，把小我融入大我，在奋斗中，在实践中，在实现中华民族伟大复兴中国梦的伟大征程中实现自己的人生价值。

习近平总书记指出，"民族复兴的使命要靠奋斗来实现，人生理想的风帆要靠奋斗来扬起"。中华民族是奋斗的民族，自强不息是民族精神的重要内核，青年大学生是朝气蓬勃的一代，是富有活力的一代，是奋斗的一代，要时刻保持昂扬的斗志，脚踏实地，苦干实干。青年大学生要发扬艰苦奋斗的精神，弘扬传承"永久奋斗"的革命传统，在奋斗中实现人生价值，做新时代的奋斗者；青年大学生要锐意进取、勇于创新、敢于实践，不畏艰难险阻，积极投身改革开放伟大事业，做新时代的开拓者；青年大学生要涵养家国情怀，热爱祖国、关心社会，要常怀"赤子之心"，奉献祖国、奉献人民、奉献社会，做新时代的奉献者。追梦的道路上纵然荆棘满地、惊涛骇浪，青年大学生只有奋斗不息、斗志昂扬、才能勇攀高峰，才能无悔于自己的青春，无愧于这个时代。

脚踏实地是追梦人的必然选择。青年是苦练本领、增长才干的黄金时期。只有实践才有收获，只有立足本职，埋头苦干，才能实现梦想，实现中国梦并不会是轻轻松松、敲锣打鼓的事，需要从一点一滴干起，从一砖一瓦做起。

青年大学生要用好社会这个"第二课堂"，加强与人民群众紧密联系，向群众学习，拜人民为师；要常怀感恩之心，积极践行社会主义核心价值观，广泛参与社会志愿服务，传播社会正能量，弘扬主旋律，在社会实践中感悟人生真谛。在追梦道路上，青年大学生要练就过硬本领，要深刻体会实现中国梦不是夸夸其谈，更不是形而上学，需要用拼搏的汗水来浇灌，用厚实的能力素质来积淀，在广阔的社会实践中，敢于有梦、勇于追梦、奋力圆梦。当前，一些高校开展的"第二课堂成绩单"，就是鼓励学生积极参加实践，如志愿服务、体育锻炼、实习实践、比赛、创新创业等活动，以此提高学生的综合素质。

二、高校实践育人原则

高校思政教育实践育人模式是现如今较为重要的一个教育思想和理念,其主要是指将学校、自我与社会这三种教育有效融合在一起作为一种全新的教学手段展开教学,其能够更好地将思政教育融入学生日常思政教育活动之中,同时真正实现理论与实践的有效结合,这样就能构建出传统与创新教育有效结合的高校思政教育机制。

1. 以立德树人为目标。高校开展实践育人,目标在于立德树人,开展任何形式的实践,都要以人为中心。要培养社会主义事业的合格建设者和可靠接班人,就要求高校、教师在开展实践策划的时候,要以育人为目标,而不是为了实践而实践。实践育人也是从思政课程到实现课程思政的过程,有力地提高育人能力,更好地帮助学生将所学理论知识应用于实际社会以及生活之中,同时帮助大学生树立起科学的理想目标以及正确的社会价值观念,这样就能更好地为社会培养出现代化建设真正需求的人才。

2. 校内与校外相结合。在大思政视野之下,各个高校都十分注重理论课、校内及校外实训这三个方面的有效结合。在教学过程中主要以理论课与校内实训有效结合进行教学,校外社会实践作为辅助教学,这样就能真正有效落实显性教育与隐性教育的有效结合,从而更好地实现实践育人的功效。要在学校与社会双重主导之下,针对全体高校学生展开实践育人的教育。

特别是校外的实践活动,亟待加强,在高校思想政治教育中,经常遇到一些问题,思政课教育四五年,一进入社会,半天就发生彻底的变化,甚至是翻转,正是基于这一问题,构建大思政格局,特别是加强校外的实践育人,变得尤为重要,不仅要开展,而且需要精心的设计。

3. 从身边小的实践做起。引导学生回归现实生活,思政教育活动与生活之间的关系十分紧密,"教育即生活"这一理念就很好地体现了这一点,也明确了生活实践对于思想政治教育的重要性。基于实践育人视角的高校思政教育价值研究,从某些方面来说就是让学生真正回归到现实生活,从现实生活之中提取素材,并且将教学目的与学生实际生活与学习有效结合在一起,通过学生真实的生活体验、反思来有效提升教学效果,提高育人成效。例如,高校在对大学生进行思政教育的时候,可以积极借助于"文明修身从小事做起""我的大学新生活"等活动之中,学生自然能够真正回归于现实生活,而且还能在这些丰富的生活体验与学习之中得到成长与进步。生活本来就是学生个体思想品德与素质提升的关键,若思政教育离开了实际生活就缺少了本质,不能称之为有效的思政教育。

4. 引导学生价值观回归理性。学生价值观是否理性,从某些方面来说,也是学生智慧的表现,也代表了一定社会价值取向以及理想目标。习近平总书记在全国思政会议上明确指出了要培育与践行社会主义核心价值观这一根本要求,而从我们国家现如今所处的环境来分析的话,社会主义核心价值观就是整个社会共同的价值理性。可是,在社会经济、文化不断发展的环境下,各个国家思想以及文化也在不断交流与碰撞,西方思潮以及市场经济物质利益观念也开始进入我们国家,高校大学生价值取向在这一过程中也很容易会出现偏差,理想信念更是开始逐渐淡化。而基于实践育人视角的高校思政教育机制研究则能够有效改善这一现象,其能够借助于实践育人环节的教育教学来向当代大学生开展有效教育,从而帮助大学生逐渐向价值理性回归。

5. 引导学生回归社会现实。从实践育人视角来分析高校思政教育工作的话,在开展教学工作的时候,最好要做到理论与实践、校内与校外的有效结合,这样能够在亲眼所见、亲自参与的情境中来帮助学生更好地了解我国改革开放以及社会主义现代化建设过程中取得的成绩以及遭遇的问题。例如,在高校思政教育过程中,可以为学生精心设计一些暑期社会实践活动,结合学生实际需求、社会热点来进行合理设计与安排,带领学生直接进入社区、农村或者企业,这样就能让学生在真切的社会实践活动中得到成长与进步,从而真正有效回归于客观现实生活,落实知行合一。

6. 坚持以人为本。在开展实践育人的过程中,要坚持以人为本的教育教学理念,真正在教学过程中结合学生身心发展需求来将思政教育与以人为本理念有效结合在一起,以此来作为高校思政教育指导方向,这样才能真正有效实现基于实践育人视角下的高校思政教育。在思政教育过程中,教师需要加强对学生思想、情感以及精神等多方面需求的关注,注重学生精神层面上的提升,不仅要在教学过程中注重学生社会价值的有效提升,同时还需要注重学生自身价值需求,尽可能满足学生实际需求,然后再基于此对学生进行思想政治教育,让其得到更为良好的发展与提升。

7. 及时优化教育方法。传统的高校思政教育教学方式无法有效落实实践育人理念,其注重的是理论教学而非实践教学,所以学生在这一教学模式下主观能动性明显受到了制约,不利于学生能力的发展与提升。为了改善这一现象,高校在进行思政教育的时候,一定要及时改变思政教育方式,借助有效手段来提升整个思政教育教学活动的实效性,多设计一些能够有效激发学生亲身参与的实践活动,让学生在实践活动中获得知识与能力,这样就能真正有效实现实践育人的目标。例如,传统灌输式教学模式在实施的时候,无法有效提高学生团结合作的意识,这个时候教师在实践拓展训练环节就可以设计一些需要团结合作的互动活动,来有效激发学生的合作意识与能力,让学生能够更好地接受教育,有效落实实践育人。

抓住"实践育人"这一高校育人的短板,以破解高校思想政治工作不平衡不充分问题为目标指向,结合大学生的身心特点,系统探讨当前大学生志愿服务育人面临的时代背景,指出文化多样化实际上就是价值观和思维方式的多样化,其具有多元共存、和而不同、融合创新、长期稳定等特点。在此影响下,大学生志愿服务育人呈现出活动形式日益丰富、组织机构逐渐完善、志愿者心态二重性凸显、国际合作不断发展等新特点。同时,从大学生志愿者、受助者、旁观者等维度,系统论述大学生志愿服务的多重育人功能,分析我国大学生志愿服务育人的现状与趋势、国外经验和实现路径。

三、高校实践育人载体

1. 社会实践。陶行知先生说,生活即教育。让教育回归生活,从生活中汲取营养、获得力量,始终是重要的教育命题。社会实践,因架起了学校与生活之间的桥梁,意义日益凸显。科学认识和定位社会实践在教育中的地位与作用,不仅是教育改革持之以恒的方向,也是教育主动适应新时代要求的关键所在。

这里所说的社会实践,既包括狭义上的寒暑期社会实践,也包括社会兼职、打临时工等。"吾生也有涯,而知也无涯","知"是对于社会实践的认知。有研究者发现,学校教育虽然极大提高了知识传播的效率,但也可能因囿于书本知识而导致知行分离。通过社会实践,可以把丰富的生活素材引入课堂,用开放发展的知识教育学生,让教育成为充满生命力的源头活水。

疫情防控期间,虽然学校教育被按下了"暂停键",但教育始终没有停止,学生的学习也没有停止,特别是在生活中学习。他们从最美逆行者的群体中,理解了责任和担当;从中国与西方国家防疫实践的差异中,体会到中国特色社会主义制度的优势。这些内容被引入教学,取得了很好的教育效果。北京市启动"习近平新时代中国特色社会主义思想在京华大地生动实践"案例库建设,让师生通过社会实践感受京华大地的新变化,并制作成教学案例充实到思政课教学中,旨在引导更多学生投入中国特色社会主义建设的火热实践中。立足于实践的教育探索,丰富了教育内容,增强了教育效果。

社会实践是创造价值的教育过程。受教育、长才干、做贡献,概括了社会实践丰富而立体的教育效果,其中"受教育""长才干"是社会实践的本体功能,而"做贡献"这个维度,则指出了青年学生通过社会实践可以激发、释放出难以估量的创造力。须知,人生最富有创造力的阶段正是青春年少时。爱因斯坦提出狭义相对论时 26 岁,牛顿和莱布尼茨发现微积分时,分别是 22 岁和 28 岁。今天许多成功企业家的创业蓝图,也往往是在大学学习期间绘就的。北京市启动首都师生服务"四个中心"功能建设"双百行动"计划,梳理了一批经济社会发展的重要问题,由学生组建团队在实践中开展研究,取得了一批有价值的成果。这也启发我们,通过社会实践,让学生进入真情境、解决真问题才能创造出真成果。切实把握社会实践的真谛,引导师生把论文写在祖国大地上,是大学生社会实践的应有之义。

社会实践是办学水平的教育标尺。《论语》开篇讲,"学而时习之,不亦说乎"。在古人看来,能够将所学用于实践,是人生幸事。马克思也说,"哲学家们只是用不同的方式解释世界,而问题在于改变世界"。其思想的精髓,就是强调要把理论学习研究主动服务于改造世界的实践。也要求任课教师,在开展课程实践环节的过程中,引导学生走出校园,深入社会的角角落落,开展全面的实习实践。中国人民大学有一个延续多年的育人项目,是以"读懂中国"为主题的千人百村社会实践活动,每年组织千余名师生深入基层乡村开展系统规范的社会调研,全面提升学生的思想认识、意志品质以及研究性学习的能力。

2. 志愿服务等实践。"纸上得来终觉浅,绝知此事要躬行",这种"躬行"就是实践。实践出真知,对社会的"真知"必须通过深入社会得到,参加抗疫志愿活动,参加各类大型赛事的志愿服务活动,如中国国际进口博览会、世界博览会、奥运会、省运会、足球赛等,都是充分接触社会,进行锻炼的重要载体和途径。这类大型赛事的志愿服务活动,有的是较长期的,需要系统培训,协同配合,在培训、合作、服务的过程中,提高组织沟通能力、动手实践能力。

当然,还有定向志愿服务的活动型志愿服务项目。这类包括通过学院团学组织、老师、校友企业等途径,为学生提供的面向特定人群的志愿服务活动,以项目的形式开展。比如,有青年志愿者协会联系的,在特定养老院、福利院、社区开展的面向老年人的志愿服务活动,包括为老年人提供卫生打扫、代购物、帮助老年人学习使用智能机、为老年人测量血压等健康服务。

还有在特定社区、机构开展的志愿服务，比如在科技馆、社区、幼儿园、村委会等面向少年儿童、学生、游客开展的一些志愿服务活动，这一类活动，在时间上一般是长期的，能够提供稳定的志愿服务岗位，也能够发挥专业知识的特长，将理论学习应用于实践。

3. 创新创业及学科比赛等实践。参加各种比赛类活动，诸如挑战杯、互联网＋创新创业比赛以及创新训练计划等创新项目，一般是在自由组队的基础上，需要通过团队的分工协作，在老师的指导下进行科研、创业项目上的创新，提出创意、进行论证、分工负责、组织实施、评估等。在这类创新创业比赛中，锻炼学生的实践能力，以笔者作为一名具有 12 年专职辅导员工作经历、总结学生创业比赛辅导的经验而言，参加过这类比赛的学生，大多数能力得到了较为显著的提升，在找工作求职方面，能够实现高质量就业，也有个别学生能够注册企业，成立自己的公司，实现创业梦想。

此类实践也包括学科类的相关比赛，如数学建模竞赛、物理实验作品竞赛等。以数学建模竞赛为例，需要自由组队，分工负责，自主攻关解决问题，在这一为期数天的时间内，不仅需要加强团队的协同沟通，更需要不断地创新，探索解决问题的方案，充分提高了全体成员的实践能力。类似的育人实践证明，教育肩负着为党育人、为国育才的重任，只有通过系统的社会实践，持之以恒地塑造和提升学生读懂中国的能力，才能培养出中国特色社会主义事业合格建设者和可靠接班人。

4. 实习参观调查等。一般而言，思政课都有实践调研环节，鼓励学生深入社会开展相应的课题调研，引导学生结合当下社会热点问题，进行调研，深入思考社会需求，解决社会痛点问题。当然，也要看到，有的此类调研，仅停留在校内的一些简单调研，没有真正起到调研实践的作用，是需要继续改善和提高的。

多数的普通本科专业，在课程的方案设计上，也加入了一些实践课程，预留 7～14 天的时间，组织学生深入企业，进行专题的实践，这类实践一般围绕专业相关的或者就业相关的内容而开展。此外，也包括课程的实践环节等。随着教育部门和学校对高校学生的实践教育越来越重视，学校也组织学生进入企业进行短期的交流、参观、实习等。以南京市为例，每年暑假期间，政府部门、大型国企、事业单位等都会为学生提供实习的机会。

5. 校内文体实践类活动。广义上的社会实践，或者说，从实践育人的角度而言，实践包括的范围比较广泛，既包括上面所述的寒暑期社会实践、志愿服务类、创新创业比赛、实习实践调研等形式，也应该包括在校内开展的丰富的实践类活动，引导学生多动手、多锻炼、多交流，提高学生的综合素质，举办校内的各类实践文体类活动，诸如土木桥梁制作、航模模型的制作、水火箭等的制作，以及大型文体类演出、比赛、户外拓展等。

综上所述，于大学而言，扎根中国大地办教育，社会实践也应发挥指挥棒和风向标的作用，只要有助于提高学生实践能力、提高学生综合素质的，都应该积极鼓励开展。学校服务社会的实践业绩、学生在工作实践中的具体表现，都应成为评价办学水平的重要指标。各类大学排行榜，从更多关注科研论文发表的数量转为更关注和考察学校在国家发展、民族复兴大业中的实际贡献，将促进各类学校把社会实践的理念进一步融入育人办学全过程。

第三章
少儿科普及现状

第一节　科普及少儿科普

一、科普的定义

　　科普的称谓很多,如科学知识普及、科学普及、科技普及、科学和技术知识普及、科学和技术普及、科学传播、科技传播、公众理解科学、STS(科学、技术和社会)、科学大众化以及科学技术普及等,这些概念和称谓在内涵上存在着很大的差异。

　　目前科普还没有一个共识性的概念和定义,对于科普的内涵、结构的理解和认识也不尽一致。科普定义有教育学定义论、传播学定义论、科学定义论、法律定义论、借用定义论、词义定义论、系统定义论等几种不同的观点。

　　1. 教育学定义论。这种观点对科普的定义倚重于教育学,如《科普创作概论》把科普定义为"科普就是把人类已经掌握的科学技术知识和技能以及先进的科学思想和科学方法,通过各种方式和途径,广泛地传播到社会的有关方面,为广大人民群众所了解,用以提高学识,增长才干,促进社会主义的物质文明和精神文明。它是现代社会中某些相当复杂的社会现象和认识过程的总的概括,是人们改造自然、造福社会的一种有意识、有目的行动"。这种定义基于教育学原理,实际上把科普定义为公众科学教育。

2. 传播学定义论。这种观点对科普的定义倚重于传播学,强调科普过程中传播的重要性。如《科技传播学引论》认为"科普工作是一种促进科技传播的行为,它的受传者是广大公众,它传播的内容有三个层次,包括科学知识和适用技术、科学方法和过程、科学思想和观念。科普工作要通过大众传播、组织传播和人际传播,引起科普对象(受众)头脑中的内向传播,从而达到提高大众科技素养的效果。"吴国盛教授等在《从科学普及到科学传播》中明确提出,建议用科学传播取代科学普及;强调科学传播可使科学普及的单向传播变为双向互动的过程;科学传播是科学和人文交互融合的过程,是一种文化建设活动。这种定义基于传播学原理,是建立在现代科学技术发展基础上的。

3. 科学定义论。这种观点对科普的定义倚重于科学,《基层科普干部简明读本》认为"科普就是把人类研究开发的科学知识、科学方法以及融化于其中的科学思想、科学精神,通过多种方法、多种途径传播到社会的方方面面,使之为公众所理解"。

4. 法律定义论。这种观点对科普的定义主要是基于法律适应性的角度。2002年6月29日颁布的《中华人民共和国科学技术普及法》第二条:"本法适用于国家和社会普及科学技术知识、倡导科学方法、传播科学思想、弘扬科学精神的活动。开展科学技术普及,应当采取公众易于理解、接受、参与的方式。"

5. 借用定义论。这种观点对科普的定义主要借用了国外公众理解科学运动、5X等多种理念,认为科普就是科学家与普通公众之间的相互交流过程。一方面科学家要以平等的姿态与普通公众一起探讨解决科学技术与社会发展之间出现的各种问题,使公众理解科学。另一方面科学家也要理解公众,科学已不仅仅是科学家的科学,而是全社会的科学、全社会的事业。公众具有参与政府对科学发展及政策的决策权。

6. 词义定义论。这种观点对科普的定义是基于科普的词义,认为科普就是科学技术的普惠。也有人认为,科普词义本身就不准确,采用科技传播或公众理解科学的名词更为合适。

7. 系统定义论。从系统角度,把科普定义为,科普是为满足经济社会的全面、协调、可持续发展以及个人的全面发展的需要,在一定的文化背景下,国家和社会把人类在认识自然和社会实践中产生的科学知识、科学方法、科学思想和科学精神采取公众易于理解、接受、参与的方式向社会公众传播,为公众所理解和掌握,并内化和参与公众知识的构建、不断提高公众科学文化素质的系统过程。

科普是国家和社会普及科学技术知识、倡导科学方法、传播科学思想、弘扬科学精神的活动。开展科学技术普及（以下称"科普"），应当采取公众易于理解、接受、参与的方式。

从科普的定义出发，可以明确地理解科普的目的，就是要普及科学知识、科学思想、科学方法，弘扬科学精神，培养高素质的适应当代社会发展需求的公民。科普由科普主体、科普对象、科普内容、科普载体和方式等要素组成。

少儿科普是面向少年儿童，特别是 3～8 岁儿童开展的，以普及科学知识、科学技能、科学故事、科学精神等为主要内容。科普的主体包括科普教师、科技馆和科协等专职人员，也包括大学生志愿者、非政府组织人员等。科普方式有科普课堂、科技场馆演示、科普讲座等。少儿科普的特点是，内容相对简单，通过通俗易懂的可视化方式，如观看科学小仪器、实验装置，观看科普小视频，上科普专题课等，多是被动地接受，相对缺乏系统化规范化的科普体系。

二、科普主体

根据科普法的相关规定，国家机关、武装力量、社会团体、企业事业单位、农村基层组织及其他组织应当开展科普工作。也就是说，各级各类国家机关和部门、武装力量、社会团体、企事业单位等，是开展科普工作的主体。国家支持社会力量兴办科普事业，社会力量兴办科普事业可以按照市场机制运行。

中华人民共和国成立后，最早的政府科普组织是 1949 年成立的中央人民政府文化部科学普及局，最早的科普社会团体是 1950 年成立的全国自然科学普及协会。1958 年全国自然科学普及协会和全国自然科学专门学会联合会合并为中华人民共和国科学技术协会（简称中国科协）。1994 年为加强对科普活动的指导和协调，成立的由科学技术部、中共中央宣传部、中国科协等 19 个部门和人民团体组成的科普活动联席会议，是我国目前最高的科普协调机构。

当前，从科普活动的运行和开展来看，科普的主要组织者，不仅包括政府部门，还包括各种协会，科技馆、自然博物馆，高等院校、研究机构，以及各类非政府组织、志愿服务类公益组织等。随着我国经济的发展，有越来越多的基金会、公益组织、环保组织等非政府组织，甚至是一些企业，成了科普活动的主体。

从个体来讲，参与科普活动的人员，称之为科普工作者。科普工作者是指从事科普活动的人员，包括专职和兼职两种类型，如科技工作者、科学教育工作者、科学传媒工作者、科普组织管理工作者、兼职科普工作者、科普志愿者等。

要让更多的公民享有法律规定的参与科普活动的权利，就需要更多的科普人才，参与到科普活动中来。在当前，我国科普人才队伍的建设，还存在一些问题。"一个好的科学家并不一定是一个好的科普工作者"，科学家在开展科普工作时，也需要进行系统培训，从而更好地去普及自身的专业知识。新时代的科普工作，对科普人才队伍提出了新的更高要求。

"谁能做科普？实际上，做科普的没有特定人群，谁传递了科学的知识、方法和思维，谁就是在做科普。"中国科学院院士、中国科学院学部科学普及与教育工作委员会副主任武向平举例说，在一所中学里，一个班的每个学生学会一个科学原理或科学实验，每个学生都站在讲台上把他的所学讲给其他同学听，把知识点传递给他人，这就是做科普。在他看来，科技工作者懂得科学知识，可以开展科普工作，但其他人也可以在传播科学知识方面做更多努力。

此外，他还认为，开展科普工作有一个很重要的问题，就是要保持科学性、严谨性、趣味性。科技工作者是科普工作者，同时也要把自己当作学生去不断学习。"我们任何时候都在做学生，只有把自身素质提高了，掌握了更好的科学知识传播技巧，才能更好地开展科普工作。"

中国科学院院士、中国科学院学部科学普及与教育工作委员会副主任周忠和认为，要壮大科普人才队伍，一是离不开法治化，二是离不开市场化。

"目前，我国正在推动《科普法》的修订，这是在科普领域推动法治化的重要举措。"他表示，法治化涉及很多方面，比如科普作品的知识产权保护就是其中之一。一位优秀的科学家花了很多精力和心血去创作科普作品，应该受到知识产权保护，这对于推动科普工作的开展非常重要。此外，他还认为，科普是一项公益性活动，但也离不开市场化，要壮大科普人才队伍，更好地开展科普工作，就要做好公益性和市场化的结合。

个别部门、场馆的影响力和能力有限，通过市场化的方式，鼓励更多的组织、个人，积极参与到科普活动中来，在自媒体繁荣的今天，每一个人都可以成为一名科普宣传者。而大学生，具有一定的专业知识，又有足够的时间和精力，恰好也需要通过实践锻炼自己,增长实践能力,是最具有潜力的科普工作者,在科普中,可以取得事半功倍的效果。

父母作为儿童的第一个老师,也在儿童科普教育中起着关键的作用。美国的一项研究,对 192 名 4～7 岁的儿童进行了纵向调查,研究了父母报告的儿童与科学相关的兴趣和科学学习机会之间的关系。追踪其在 1 年内(4～5 岁、5～6 岁和 6～7 岁)的科学兴趣,这在男孩中更普遍,特别是在 6 岁之前。在这三年里,在科学学习机会的频率方面确实出现了性别差异。纵向路径分析测试了儿童的科学兴趣和他们学习科学的机会之间的关系。数据表明,早期的科学兴趣可以很好地预测日后是否有机会参与非正式的科学学习,而并没有发现相反的模式(早期的科学兴趣预测日后的科学兴趣)。

虽然在科学兴趣和科学学习机会之间建立明确的因果关系受到研究本质上的相关性以及在某种程度上我们对科学相关机会提出的问题的限制,研究结果表明,父母对儿童的科学兴趣反应敏感,在学龄前和儿童中期有意创造探索和学习科学概念的环境。随着时间的推移,这些机会可能被证明是儿童持续表达科学兴趣的关键。据假设,随着时间的推移,持续的兴趣更有可能在基本知识、思想、词汇和"知识框架"的发展中达到顶峰,这些知识框架后来可以支持从科学文本中学习并提高科学成就。因此,在未来几年里,父母将在培养和塑造孩子对科学的兴趣方面发挥关键作用。

此外,研究结果表明,一种关键的资源可以用来增加孩子对科学、技术、工程和数学学科的参与,可以帮助家长(以及幼儿教育工作者)认识到孩子对科学日益增长的兴趣,然后帮助他们去支持这种兴趣。在回答孩子的科学相关问题时,为了帮助家长和老师,这种支持可能需要以多种方式提供。随着互联网的发展,出现大量类似知乎的问答网站以及科普专题网站、抖音科普短视频等,这些都为父母提供了途径,学习科学知识,为少儿提供科普教育。

三、科普对象

从宏观方面来说,科普是面向所有人的,每个人都有不懂的知识盲区,无论是生活中的方方面面,还是学习或工作中,都会碰到不熟悉的领域,都可以成为科普的对象。从这个角度出发,电视科普节目、科普活动,科普场馆等,都是面向所有公民的,都可提高公民的整体科普素质。

从传统上来说,农民是科普的重点对象,我国从中华人民共和国成立到二十一世纪初,农民占人口的比例一直比较高,其中,也有比例比较高的文盲以及部分文化水平比较低的农民,仅仅接受小学教育的比例也比较高。我国有 8 亿农民,据中国公众科学素养调查,农、林、牧、渔劳动者具备科学素养的比例仅为0.3％,是所有分类人群中科学素养最低的人群。因此,长期以来,农民一直是科普对象人群中数量最大、科学文化素质整体水平较低的科普目标群体。对农民来说,科普不仅要满足其谋生和生存层面的科学技术知识和技能需要,也要满足他们生活水平提高对精神文化生活的需要。我国也一直在致力于推动科普"三下乡",也取得了较为显著的成效。

改革开放以来,随着我国义务教育阶段的逐步普及和受教育程度的提高,人们不仅仅满足于"吃饱",更加追求"吃好"。普及一些基本的科普知识,特别是日常生活学习中,遇到的一些基本的应该具备的科普知识,对满足人民日益增长的美好生活的需要,提高他们对科技的兴趣,使他们接受高质量科技教育,从而促进更多的人具备较高水平的科学知识具有广泛的现实意义。

从发达国家的科普教育来看,3～6 岁的少儿科普,普遍受到重视,达到了较高的普及水平。很多关于大脑发育的研究发现,大脑更容易受到环境影响,而早期环境对大脑发育的影响是持久的。这些研究之所以强调开发有效的幼儿教育方案,是因为"丰富"的环境会产生"丰富"的大脑。作为一门学科,科学为大脑发育提供了大量条件。因此,对于幼儿教师来说,为儿童学习科学创造"丰富"的环境至关重要。

不幸的是,许多幼儿老师称,比起其他学科,他们觉得自己在教授科学知识方面准备不足。一部分原因是由于很多错误的观念,认为科学这门学科很难教。这些误解使得教师们缺乏信心,不愿意教授科学课。很多老师认为幼儿科学需要记忆大量复杂的科学概念和定理。虽然在传统的科学课堂中确实如此,但现在科学教育的重点已经从强化学生对科学概念和定理的记忆,转变为提高学生做科学研究的能力。做科学研究包括学习提问、观察、分类、交流、测量、预测、推断、实验和构建模型,而不是仅仅学习别人总结的事实、概念和理论。因此,教师的角色已经转变为让孩子参与科学研究。这并不意味着教师不需要理解他们所教的主题。相反,它要求教师将自己的角色视为儿童科学研究过程的促进者。

在此背景下,我国 3～6 岁少年儿童的科普教育重视程度不够,目前的工作水平仍有待提高,可以说是潜力无限,特别是中西部地区、偏远农村地区。本研究的重点对象也是 3～6 岁的少儿以及 6～12 岁儿童或少年,在我国因为发展的不均衡,这部分少年儿童接受科普教育的机会也不均衡,特别是 3~6 岁这个年龄段,因为教育水平有限,接受科普的机会比较少。本研究的重点,就是面向 3~12 岁的少年儿童,开展科普教育,开展科学小实验的演示活动。

四、科普载体

科普的一个重要方面,就是实现科普的途径和方式,或者说是科普的主要载体,在体制机制方面进行创新,以更好地开展科普教育。科普载体指的是把科普内容从主体(即传授者)运达科普对象(即公众)的媒介工具。在科普过程中离不开科普载体,科普载体对科普所惠及的范围大小和期限长短以及科普效果等产生极大的影响。科普载体按表现形式可分为人格载体、语音载体、印刷载体、影视载体、实物载体、多媒体载体、网络载体、电子载体等多种类型。

目前,科普活动、学校教育、大众媒体等被认为是实现科普目标的主要途径。在实现科普目标的三个主要途径中,科普的源头始终是科学家群体。因为科学家群体是科学技术知识、科学方法、科学思想、科学精神的发现者、生产者、创建者,所以他们始终处在科普的源头和上游,处在科普的高位态。而教育工作者、媒体工作者等处在科普的中游,处于科普的中位态,仅仅起到科普知识传递者的作用。我国古代缺乏自然科学著作,更谈不上开展科学普及教育,科举制度和儒家经典著作是围绕经世治国展开的。我国古代科学多为经验之谈,以农学为例,我国古代农学著作数量很多,包括已散失的有 370 多种,为古代世界各国之冠。但它们基本上都是各种农业生产具体经验的记载,几乎未曾作出理论性的概括和总结,更没有形成学科理论体系。又如我国古代天文学,基本上只是为制定历法服务。

关于科普工作的体制机制创新,科研平台应该更多地面向公众开放,如何更好地开展科普工作? 对于这一问题,有的专家学者,给出了多个方面的建议。

"我们于 2002 年启动'科学与中国'院士专家巡讲活动以来,在体制机制创新方面做了大量工作,注重依托以院士为代表的高水平专家团队,全力打造科学普及国家队,取得了良好效果,为全社会构成全民族科学根基作出了贡献。"高鸿钧教授表示,在新时代背景下,科普工作对各方协同发力提出了更高要求。高校、科研机构、重大科技基础设施、实验室等科研平台应该更多地面向公众开放,并开展常态化科普活动,进一步推动科普工作高质量发展。

"开展科普工作离不开平台。"中国科学院院士、中国科学院水生生物研究所研究员桂建芳表示,政府部门和相关机构,特别是中国科协和地方科协组织,有组织、系统地开展科普宣讲,这对于推进科普工作具有重要作用。

在他看来,搭建科普平台需要体制机制创新。比如,在武汉揭牌启用的桂建芳院士自然科普工作室,就是一种创新。作为全国首个开在城市公园、与公众直接面对面的院士自然科普工作室,已累计邀请 10 余位自然生态领域的院士及知名学者开讲自然通识课,组织中小学生参与自然生态研学等公益活动,并制作科普短视频,在线上各平台综合传播量过亿,产生了良好的社会反响。

"为什么现在很多老太太喜欢看电视上的科普广告,看了之后还要掏腰包买产品?说明人家讲的内容吸引眼球,对他们有吸引力。"在中国科学院院士、四川省医学科学院及四川省人民医院院长、电子科技大学医学院院长杨正林看来,我们不仅要加大科普投入,还要创新科普形式,利用多样化的手段传播科学知识,制作更多高质量的科普作品提高吸引力,让科普变得更加喜闻乐见。

"从科学的内涵与外延来看,内涵就是学习科学知识、掌握科学方法、对科学作贡献,外延就是科学的普及与传播。"重庆医科大学校长、教授黄爱龙说,科技工作者有科学知识和科学方法,但科普讲究的是科学传播。利用互联网的手段,我们可以将晦涩难懂的专业知识化繁为简,转化为浅显易懂的常识,传播给公众。

五、科普内容

科普内容是指科普活动中传递给公众的科普信息,它是公众科学素质的基本构成要素。科普活动能否指向目标和取得成效,关键在于科普内容能否符合科普目标的要求,是否符合公众科学素质提高的要求。科学素质具有层次性,公众对科普内容有选择性,不同的科普对象有不同的科普内容需求。我国《科普法》明确规定,科普内容是普及科学技术知识,倡导科学方法,传播科学思想,弘扬科学精神。

当然,科普的内容,因为科普对象的不同而不同,面向农民开展的科普,主要是宣传科学种植、科学养殖、自然科学现象等。在改革开放之后,随着我国的经济发展,面向农民和农村的科普教育,也取得了长足的发展。进入 21 世纪,我国的科普主要对象,也更多面向全体国民,这一阶段,涌现出了一些科普的电视节目,通过简短小实验的形式,来宣传科学知识,破除谣言。面向少年儿童开展的科普教育,科普的主要内容是激发少年儿童科学兴趣的科学现象、科学小实验、科学小故事、科学家故事等。本研究的科普实践,主要是面向少年儿童,开展物理、化学、力学等方面的科学小实验,通过一些简单的演示,来普及一些科学知识,激发孩子们学习科学知识的兴趣,弘扬科学精神。

第二节 少儿科普开展情况

一、国外青少年科普开展情况

西方发达国家的青少年科普教育起步更早,形式更为多样,参与更加广泛。欧美国家更趋向于把科普教育工作的进行地点下放,把选择权交给孩子。他们给予孩子们更多的自由时间,让他们自己去了解探索,并为他们提供良好的设施条件。

1. 法国。以法国为例,法国规定所有小学周三下午不安排任何课程。得益于国外极为发达的图书馆系统,法国几乎所有的图书馆都收藏了大量的科普教育类童书,并且这些书籍的更新换代很快。各大城市各个地区的图书馆都有童书区,而且这些童书区布置得充满童趣,从卡通背景到适合儿童用的小桌子、小凳子一应俱全。此外,图书馆会在该区域配备经过培训的儿童阅读指导员,给孩子们的阅读提供指导和建议。因此每周三下午,各大图书馆的童书区都会吸引大量的小朋友。

法国教育部新闻处官员贡巴雷谈到"星期三现象"时说,这是素质教育的一部分。法国战后开始实施的素质教育,包含体育、公民义务与权利、道德、科学、艺术等多方面的内容。经过几十年的发展,法国以科技大国与文化大国的形象屹立于世,探索成功原因,不能不提及科普教育。

欧美国家有更多面向儿童的科普教育文化活动。以法国为例,法国巴黎自1984年起开始举办蒙特尔童书展,至今从未中断。该书展可以在短短7天的时间里,进行700多场读者见面会、签售及讲座,吸引15万人次。(要知道,巴黎市总人口只有230万左右,这样的参观规模实在惊人。)当地政府之所以如此重视这个书展,是希望通过书展进一步推广青少年阅读。他们认为书展每多吸引一个小孩前来参观,就意味着可能会多一个小孩爱上阅读。在他们眼中,这样的效果要比花钱在媒体上做广告或者举办一场晚会好得多,也实际得多。

　　法国有一套著名的儿童科普教育类丛书,它是由纳唐(Editions Nathan)出版社出版的,风靡英、美、德等欧美国家 30 多年,畅销 100 多万册的《巨眼丛书》。《巨眼丛书》最大的特点是从孩子的角度出发,注重人文精神,且寓教于乐。策划者在扉页寄语,希望通过大胆的想象,激发孩子探索科学和世界的兴趣。

　　为了编这套《巨眼丛书》,多位熟悉儿童心理学和教育学的专家参与选题设计,一流童书插画家进行配图,力求从版块设计到内容风格都符合孩子的阅读习惯和思维方式。这套风靡欧美的儿童科普知识读物,特点非常明显,题材丰富、知识面广。《巨眼丛书》主要可归纳为 8 大主题,分别是:"学习表达和交流""人文、历史知识""文化与艺术""爱护动物""尊重自然""认识世界,了解社会""日常生活""健康知识"。"日常生活"主题中包括图书《交通工具》《厨师》《极限挑战》《水上运动》《时装》等。

　　它们从最简单的吃、穿、住、行启发孩子的人文关怀:每个地区每个时期的服装有什么特点?美食与文明的发展有着什么样的关系?"人文、历史知识"主题中包括图书《法老的时代》《海盗的历险》《在城堡的深处》《幻想的神怪》《午夜幽灵》等,都与人类文明的积淀相关。"文化与艺术"主题中包括图书《参观博物馆》《戏剧》《天才达·芬奇》《建筑》《音乐》等。它们在教给孩子知识的同时,更进一步的是培养孩子们欣赏美和艺术的能力。"学习表达和交流"主题中包括图书《如何做一本书》《科幻小说》《电影》《乐器》《学习画漫画》等。它们告诉孩子们要懂得表达自己、与他人沟通,才能更好地融入社会。这也正是中国家长较少重视的地方。出版社特别希望通过这个主题,告诉孩子表达和交流的重要性。

　　故事蕴含深意。《巨眼丛书》以一个个小故事的形式让孩子对话题产生兴趣,而每个故事又往往蕴含深意。例如,在《节日》这一册里,"是否应该邀请雨水参加晚会"的小故事,就特别能传达爱和包容的情绪以及对于社会问题的思考。

　　注重知识扩展,增加关键词解释。书中每个小故事之后,都会有各种知识点的讲解。例如,在《乐器》一书中,孩子们可以了解乐器的种类和不同乐器的制作方法;在《大都市》里,描绘了古罗马时代的城市。由于阅读对象大多是年龄不大的孩子,为了方便阅读理解,前几册还特别增加了故事中关键词的解释。

　　寓教于乐,增强互动,极具趣味性。法国人将它们的"法式幽默"寓于这套丛书,用轻松的漫画来解释人生中的一些事情和道理。同时为了增加科普教育书籍的趣味性和互动性,每本书的最后都有和主题相关的互动环节,或是手工制作,或是问答互动,加强知识点在孩子脑中的印象。例如,《法老的时代》的最后是:让你"做一个和法老一样的头饰";《水上运动》中最后提出的小问题虽然简单,大人却不一定能答得上来。想要知道答案? 只要把书倒过来就行啦。

环保印刷、图片精美。尽管内容为科普书,形式却保留了绘本的样子,适合孩子们从读图为主向以文字为主的阅读习惯转变。印刷全部采用环保大豆油墨,几乎没有味道,而且手感舒适,颜色看起来也非常温和。每一本书都有不同的画风和特色,从人物形象的设计、配色和构图,都能感受到对孩子们的用心。

此外,欧美国家的学校与博物馆等社会科普教育场所的联系和互动更为频繁。这些相关机构对于孩子的研究也更为透彻,能够区分年龄段采取不同的科普方式。国外的自然科学历史等博物馆建立有专门的科学文化重要活动服务部。这个部门以文化教育事业发展为己任。学校会与它们联系,博物馆会专门针对学校团体开展一些特别的活动,以同期的临展或者重大的科学活动主题为契机,进行一些科普电影播放、教育活动小作坊等活动。比如教育作坊小活动里面有适合不同年龄阶段孩子的活动内容,让他们触摸这些藏品或者模型来发现了解相关的科学内容。为了让孩子们了解动物的皮毛,他们针对不同动物拍摄了照片,制作了可以触摸的动物皮毛标本。

另外,由于孩子的年龄不同,它们吸收知识的方法不同。据博物馆调查,0～2岁的孩子对声音、振动比较敏感;2～5岁的孩子善于模仿;5～7岁的孩子则可以理解简单的定义和科学原理。针对这一系列的特点,博物馆就有针对性地对一类群体开展科普教育活动。比如第一年让孩子们了解脊椎动物的多样性,主要用触摸展品来获得感受。第二年同样是这些孩子,但是活动的地点换到了植物园,来了解植物的多样性。第三年则带着这些孩子来到展厅,带领他们学习展品的文字介绍。而负责接待他们的人从第一年到最后一年也是同一个人。

博物馆、科技馆热心于青少年的素质教育,不断提供新的活动方案,提供种种方便和优惠,将此作为一种社会责任,这在法国蔚然成风。教育部长雅克·朗就此谈道,如果想使法国仍然保持创造性,成为一个有影响的国家,就应该考虑人的整体的、协调的发展。音乐之于心算,戏剧之于阅读,造型艺术之于几何,不无裨益。科学、艺术教育唤醒敏感,催生创造力,它像是学生进入其他未知领域的"芝麻开门"的呼唤,引导他们去发现,去创造。何况一个自幼亲近博物馆的人，长大后自然会爱护遗产；一个从小喜欢动手做实验的人，自然有更丰富的"发明因子"。在汹涌而来的全球化浪潮中，法国竭力保持自己的文化特色。保持自我，壮大自我，关键是要使本民族拥有一批又一批、一代又一代高素质的人才，法国懂得这一点。

法国的老邻居英国则另出奇招，他们拍摄了大量儿童科普类宣传片，比如著名的 BBC 儿童频道 CBBC 制作的一档献给孩子们的医学科普类节目《Operation Ouch》，它被评为了英国电视台制作的最棒的普及医学类知识的儿童教育节目。该节目由双胞胎医生 Chris 和 Xand 主持，两兄弟毕业于牛津大学医学系。节目中一个负责搞笑，一个负责向观众展示身体的奥秘。每一期它都通过真实的儿童急诊病例来解释医学知识，也会用真实的医疗工具来做一些现场试验，比如用内窥镜来观察鼻腔或者咽喉部位，用医用设备检测大便病菌等等，画面相当写实。

2. 美国。美国教育发展中心（EDC）和 SRI 国际的研究人员进行了一项调查研究，旨在为 2～8 岁儿童提供免费教育电视和数字媒体资源，促进早期学习和入学准备，重点是支持来自低收入、服务不足社区的儿童。研究的数据来自 2017 年 8 月 31 日至 10 月 8 日期间进行的一项电话（手机和固定电话）调查，调查对象为 1 442 名父母，其中至少有一名三至六岁的孩子住在家里。该调查由 EDC 和 SRI 的研究人员开发和试点，并由调查和市场研究公司 SSRS 进行。调查研究对低收入家庭的父母进行了过度抽样，以适应研究的重点，特别是从这些家庭的角度和经历来看，1 442 个家庭中有 909 个（约 63%）的家庭年收入为 50 000 美元或更少。

该调查询问了家长对早期学习、科学学习和数字媒体使用的态度、信念和做法。它还询问了家长在帮助孩子在户外学习方面的责任感和信心。在学校，他们认为什么技能和知识对他们的幼儿学习很重要，他们与孩子一起做的学习活动的种类，以及家庭如何使用与学习相关的数字媒体。

除了描述所有被调查家庭的模式外，该调查还研究了关于父母态度和行为的每个发现是否因父母教育水平、家庭收入、父母和子女性别以及是否生活在城市、郊区或农村而不同。报告了不同亚组之间的显著差异，并对一些发现进行了进一步讨论，在这些发现中，观察到不同亚组间的显著差异或相似性。然而，没有发现儿童性别和城市化差异的明确模式，因此，报告中没有讨论这些差异。

研究采用了一项具有全国代表性的家长调查，结合深度访谈和对小样本家庭的家访,了解幼儿家长,尤其是低收入家长,如何鼓励和参与孩子的学习,尤其是科学学习。本研究还调查了家长对科学相关教育媒体的看法和使用情况,如电视节目、视频、网络游戏和移动应用程序。

家长对调查的回应表明,大多数家长们正在努力帮助孩子学习,而且所有收入和教育水平的父母都是如此。许多家长说对于他们而言,帮助孩子学习一系列技能,包括行为和学术技能,十分重要,而且十分之九的家长说他们和孩子每天一起做学习活动。此外,大多数父母有信心自己能在行为和社交技能以及数学能力和文化学习方面帮助年幼的孩子。

然而,父母对科学学习的看法不尽相同。很多人觉得帮助孩子学习其他技能更重要,而且比起其他学科,父母不太可能有信心帮助孩子学习科学。定性研究的发现表明,家长觉得自己知道的科学知识还不够多,又往往不知道如何以他们年幼的孩子能理解的方式回答关于科学的复杂问题。这些担忧表明,许多父母似乎相信帮助孩子学习科学的关键是实事求是,对问题提供正确的答案,而他们似乎没有意识到,关注、谈论和探索孩子们在日常生活中的好奇和体验到的东西的重要性和力量。

而近一半的父母报告说他们每天做科学研究,一半的父母不经常带着孩子做科学研究,尤其是很多低收入的家长,他们说如果有更多的资源会帮助他们和孩子一起做更多的科学研究。接受调查的父母最有可能报告这一点,能够接触到简单易行的科学活动理念,尤其是那些专为儿童和使用日常材料的人准备的,会有所帮助。

在此背景下,与科学相关的媒体能够在家长和孩子共同参与科学学习中发挥实质性作用。许多父母说他们的孩子接触科学相关媒体——尤其是电视节目和网络视频——每周或更频繁。有证据表明,基于媒体的干预措施可以对幼儿的数学和识字学习产生积极影响。这表明科学媒体有潜力帮助儿童和家长建立科学知识,并向家长展示如何帮助支持儿童的探索,以促进思考和概念理解。例如,媒体能帮助父母理解"什么是科学"和"为什么科学很重要"。媒体还可以模拟幼儿和成年人从事科学工作的情况,以及父母如何通过促进科学探索和思考、儿童对自己从事科学工作能力的信心以及儿童对自己作为科学家的认知等方式丰富和扩展孩子的经验。

然而,家长对调查的回应表明,以科学为基础的媒体尚未实现这一潜力。例如,很少有接受调查的家长认为他们的孩子从媒体上学到了很多科学知识。参加焦点小组和家访的家长表示,媒体内容不适合支持幼儿的学习,或者他们不承认某些媒体的内容与科学有关。

几乎所有的父母,无论收入和教育水平如何,都认为帮助孩子们学习很重要,尤其是社交技能、读写能力和数学。大多数父母表示,他们有信心教孩子识字、数学和社会技能。越来越少的父母对科学有信心,与受过更多教育的父母相比,没有受过正规教育的父母则在帮助孩子学习方面不太可能有信心。十分之九的父母表示每天都和孩子一起做学习活动。大约一半的父母表示每天都会和孩子一起做科学相关的活动。为了做更多的科学实验,家长们想要想法和资源来支撑他们帮助孩子学习科学的知识和信心。十分之七的父母表示,知道小孩子学习科学知识需要什么,并有利用日常材料进行科学研究的想法,有帮助他们做更多的科学研究。许多家庭表示,他们每周或更多地使用科学媒体,特别是关于科学的视频或电视节目。略超过一半的家长对科学学习媒体资源感到满意,但是大多数家长并不认为这些资源帮助孩子学习了很多科学知识。家长可能错失了加深这些经历影响的机会。家长报告说,他们会监控媒体的使用情况,并与孩子一起观看,但不太可能将媒体与家庭日常生活联系起来。

父母对幼儿的科学学习至关重要,科学探索可以从大量思考开始,并用为家庭量身定制的材料加以强化。支持父母的组织可以强化父母在帮助培养孩子好奇心方面的重要性。无论他们觉得自己对科学知之甚少,父母都在通过交谈、提问和共同寻找答案来培养孩子的科学体验方面发挥着特殊作用。有关研究表明,作为早期科学经验基础的思维技能和知识对以后的学习成功至关重要。父母需要的不仅仅是鼓励,他们需要结构良好的高质量资源,这些资源可以提供如何以易于与他们的日常生活相结合的方式进行科学研究的想法,并且不需要特殊或昂贵的材料和延长时间。特别是低收入家庭,需要改善获得这类资源的机会。父母有责任帮助孩子学习,为上学做好准备。他们需要知道,科学经验不仅对学习科学很重要,对帮助他们的孩子发展重要的批判性思维、社会情感和沟通技能也很重要,这对在学校和生活中取得成功至关重要。

科学是为家庭、学校和其间的所有地方服务的。幼儿园、学校和教师必须强调,无论是在早期教育环境中还是在家中,科学对早期教育都至关重要。定性研究的结果表明,许多家长将学校期望作为指导,以确定哪些学习是重要的。如果科学在学校受到冷遇,在家里也会受到冷遇。教育者可以帮助将家长和孩子们学校的科学学习与家庭的科学体验联系起来。学校和教育工作者可以为家长提供活动的想法,鼓励孩子与其父母、兄弟姐妹和祖父母之间的对话,以探讨他们社区中的科学活动,并帮助孩子在家里、学校和社区中建立科学体验之间的联系。决策者和管理者必须确保科学也成为学校课程的一部分,因为与科学相关的经验可能不会在所有家庭中发生。科学是可观察的、可读的、可玩的和可行的。媒体制作人可以激励和鼓励家长,向他们展示如何利用每天的机会帮助孩子学习科学。制片人可以将这一信息传达给最广泛的公众受众,并可以强化早期科学在学校内外的重要性。媒体制作人可以通过为父母和孩子开发资源来吸引家庭,这些资源包括清晰、高质量、适合发展的科学内容,为参与科学概念、实践和活动的方式建模。重要的是要确保这些资源可以广泛和免费获得。父母(和孩子)必须找到并确定适合孩子年龄和兴趣的资源,使他们能够随着时间积累知识。家长还需要媒体内容来帮助他们理解为什么科学很重要,为什么家长(以及学校)在帮助孩子做科学方面处于独特的地位,早期科学学习技能和知识很重要,做科学对幼儿来说是什么样子,以及家长可以用来扩展和支持孩子科学学习的活动等。

3. 英国。在一项针对英国科学教育的系统性开展的研究中,研究人员尽可能广泛和具有代表性地从整个英国的地理分布、组织类型、规模和活动中选取确定的部门进行抽样。调查产生了 196 份完整的回复,169 人有足够的数据纳入分析(初始回复率为 46%)。试图提高回复率,一个是针对学校科学项目的管理者和协调员,这导致了额外的 21 个回复,另一个针对图书馆、业余爱好者社团、广播公司、自然中心和公园、出版商、科学节和戏剧团体,完成了 10 项额外的调查,它们来自同一个部门——广播公司。

在研究英国科学教育界各个部门的结构和关系时,出现了一个重要的问题,即是否有哪一个部门对系统的运作特别重要,也就是说,如果有的话,我们能否确定哪些部门可能像关键群体那样发挥作用? 调查参与者需要对 17 个部门中的每一个部门在英国整体科学教育中的相对重要性打分。

数据表明,学校被英国科学教育界的许多成员(如果不是大多数的话)高度利用。那么,这些互动是多维的还是单向的? 我们知道,许多非正式组织与学校的互动主要是出于结构性原因,是为了接触学龄儿童,因为年龄在 5 至 18 岁之间的青少年儿童绝大多数都在上学。由此产生的问题是,学校以及广播媒体、科学中心和科学教育组织等其他主要部门的功能,更像是高度可见的、但生态上孤立的资源岛屿,还是为英国科学教育界提供多种互惠利益和资源的动态枢纽?

尽管英国科学教育系统已经非常成熟且复杂,我们的研究还是发现了服务方面的差距。目前教育界似乎集中力量为学龄人口服务,但对成人和 5 岁以下儿童不够重视。据推测,在城市和农村地区以及社会经济条件较差的个人可获得的资源方面也存在不平等。这种差距是可以预见的。英国科学教育界在过去几十年里由于校外科学教育提供者的增加和多样化而得到了极大的丰富,这大大增加了互动的数量和质量。值得注意的是,即使使用我们公认的粗略划分为 17 个部门的方法,绝大多数部门以及因此产生的互动,都是在校外进行的。

人们普遍认为,由于学校教育是强制性的,非正式的经历是自愿的,因此"获得"科学教育是后一领域的一个限制变量。现实情况是,正式教育虽然是义务教育,但目前非正式教育比其更平等地为所有公民服务。在 10～12 岁之后,儿童对科学的兴趣和参与急剧下降,那些没有获得支持性校外经历但确实继续参与正规教育系统的儿童下降得尤为明显,这表明仅靠学校教育不足以满足对科学感兴趣和参与的公民。

数据表明,整体上,英国科学教育领域是高度互联的,在个别部门内部是协作的,在部门之间是适度互联和协作的,学院和学位较低的大学除外。一个重要的结论是,为了最大限度地提高英国科学教育的有效性,管理措施要包括支持系统中科学教育实体数量的持续多样化,并鼓励相互协作、协同的关系。我们假设系统研究能够更广泛、更全面地看待一个系统的优势和劣势,为科学教育活动的结构和功能提供有用的见解,提供能够帮助研究人员、实践者和政策制定者提高全民科学教育的整体质量的见解。

4. 土耳其。在对土耳其的学前科学教育的相关研究方面,文章选择了土耳其过去五年来进行的研究。根据 SSCI、ERIC、ULAKBIM 和其他领域特定期刊(学前和幼儿教育期刊)的电子数据库,筛选了 40 项研究,包括 2017 年的 10 篇文章,2016 年和 2015 年的 8 篇文章以及 2014 年和 2013 年的 7 篇文章。研究包含的文章的分布按年份比例是平衡的:2017 年为 25%,2016 年和 2015 年为 20%,2014 年和 2013 年为 17.50%。

在所有研究主题中,科学教育实践和活动、科学和自然概念、环境教育以及科学概念的总比例约为 74%。可以说,这四个课题是研究的主要方向,或者说是较为普遍的研究,除了这四个主题外,关于科学过程技能的研究和关于科学家及其活动的研究的比例似乎接近 15%,实验研究的比例为 12.50%。根据这一点,在学前科学教育中,大多数研究使用了描述性筛选和实验研究方法(总共约 75%)。案例研究和内容分析等技术的比率为 20%。据观察,对儿童进行的研究比例,高于研究中的其他参与者群体。对教师和职前教师进行的研究的总比例约为 55%。只有一项研究是家长们喜欢的样本。

关于学前的科学教育的研究方法,或者研究数据的取得方面,选择混合方法或替代方法,研究中大量使用的访谈问题被视为一个有效的数据收集过程,而观察形式、图画和漫画的数量选择不足。

研究对象主要是儿童、教师和职前教师一起进行,这三者大致上平衡。尤其是对儿童的研究,有望帮助评估和发展学前科学教育,并在确定儿童对科学和科学思想的倾向和态度方面取得积极成果。预计对职前教师进行的研究结果将对中长期的教师培训政策产生积极影响,但我们认为,未来的研究将更多地针对儿童进行,与孩子直接互动的老师和家长在短期内会取得更好的效果。

可以在学前教育中进行涵盖科学、数学和技术的联合主题筛选研究(统一实地研究)。在学前教育中,可以通过跨文化比较方法来研究学习水平,科学概念和主题可以通过学前教育中的替代研究设计来规划。涵盖科学主题的元分析研究可以在幼儿园进行。可以在学前教育中开展更多与科学相关的有家长参与的研究。虽然对儿童、教师和职前教师进行的研究分布普遍且均衡,但对家长进行的研究数量有限。

欧美国家比较重视科学新闻报道,充分利用网站开展网络科学传播。例如,美国有线电视新闻网(CNN)网站共 15 个版块,专门设置了技术版和健康版,科技相关内容占到了整体版块内容的 15% 左右。澳大利亚广播公司(ABC)官方网站共设有 20 个版块,专门设有科学、在线教育(Splash Education)、环境、健康、技术等版块,科技相关内容占整体版块的 25%。

英国等欧洲国家在科学研究中有开展科学传播的学术传统,因而在其研究机构的网站上,科学传播的内容较为丰富,但有结构性差异。如,英国研究理事会(RCUK)较为关注与其使命相关的内容,其网站上包括英国科学、科学政策、科学与社会、气候变化等版块。欧洲核子研究中心(CERN)首页上有 10 个一级栏目,其中拓展(Visit 或 Outreach)和媒体(Press)两个栏目含有丰富的科技信息,包括"全球科学与创新馆"、常设展览"大爆炸通行证"等内容简介,以及核子中心开放日、科学秀等科普活动信息。总体而言,核子中心网站上的科技信息约占总体内容的 50%。

欧美国家政府部门网站为获得公众对科学研究更深层次的支持,十分重视科学传播功能展现。以美国为例,美国大量的科普内容的网站以"gov"为后缀,例如美国的自然科学基金会(NSF)、美国航空航天局(NASA)、美国疾控中心(CDC)、美国农业部(USDA)、美国环保署(EPA)等政府机构和部门开办的科普网站是网络科普的重要基地。

越来越多的移动应用通过社交网络的形式让用户参与到科学传播中来。移动应用与社交网络结合,在科学传播中发挥出意想不到的独特作用。越来越多的具有科学传播功能的移动应用,开始尝试通过社交网络的形式让用户参与到科学传播中来。Discovery 的移动应用"WhizzBall!",通过猜谜游戏来传播科学知识,允许用户邀请自己 Facebook 和 Twitter 上的好友来解答自己的疑问。

综上,国外网络科普、电视媒体科普在科普教育中具有特别重要的地位,概括而言,其特点有以下几个方面。

第一,国外网络科普受众细分,以青少年为主要对象,兼顾其他公众。提升青少年对科学技术的兴趣是国外网络科学传播的重要目的。欧洲多个国家面临着青少年对科技兴趣减弱的趋势,这将影响到国家未来科技人才队伍的培养。而以法国国家科学研究中心网站、NASA kids、澳大利亚 ABC 在线教育等为代表的网络科学传播网站在提升青少年对科技的兴趣方面发挥了重要的作用,为青少年将来选择与科学、技术、工程和数学(STEM)等相关的职业奠定了基础。另外,与青少年相关联的人群包括教师和家长也是网络科普的重点人群。尤其是各国的科技类博物馆或科学中心网站,大多数设有家长、教育者的导览条目。

第二,国外相关政府部门和学术研究机构在网络科普中占据重要地位,其影响力强大;另一方面,各种商业机构和商业媒体深入地介入网络科普领域,科普领域市场化因素增强。在网络资源的形成上,不同机构根据自身知识、资源和能力,多采用链接资源拓展方式,以科普资源集成为主,配合有限知识生产,拥有从文字、图片到网络游戏等系列科普资源的知识产权。

第三,国外网络科学传播方式丰富、新颖,并充分利用 Web 2.0 的参与性和体验性。国外网络科普早已不局限于用文字来进行科普,相关视频、音频、flash 已不鲜见,虚拟博物馆、网络直播、网上实验、互动游戏等网络独特的科普方式也逐渐被更多的科普网站所采用,科普内容在论坛、社区、互动式问答等网络平台中也占有一定的位置,方式丰富而新颖。国外网络科学传播充分利用 Web 2.0 的技术新特性,使公众不仅是科学信息的接受者,同时也是信息的创造者和分享者。

第四,国外科学媒介中心网站搭建了网络科学传播的平台,对公众科学意识的增强和对待社会热点焦点事件理性态度的形成具有重要影响。国外科学媒介中心(SMC)是科学共同体与媒体、公众之间交流的桥梁,其网站内容紧密结合科学传播的目的。如英国 SMC 网站每天更新科学新闻,并提供科学家对热点议题的科学解读;同时,通过邮件的方式定期向记者提供可能成为热点话题的科学内容。福岛核事故之后,澳大利亚 SMC 共发布 16 篇有关福岛核辐射的科学新闻和信息,为破除公众疑虑提供了权威科学的信息来源。

第五,国外重视网络科学传播对于学校教育功能的弥补。美国学者在 2014 年《公众理解科学》(PUS)第 4 期发表研究论文,在实证研究基础上得出结论:在教育水平较低的群体中使用网络,可以显著降低由于教育差距导致的知识差距的增长。可见,国外网络科学传播是对学校教育的有效补充,避免了不同地区、不同人群由于教育条件不均衡产生的科学知识的壁垒。当前,在新媒体形势下,国外科学中心更注重将线上和线下项目进行有机结合,向新型的非正规学习机构的方向发展,是对学校教育功能的延伸。

第六,国外高技术企业网站开展科学传播的动力源于内部科技创新和外部的社会形象塑造。国外高技术企业利用网络开展科学传播的动力,一方面来自企业内部,开展科技传播可以提高劳动者素质,推动自身科技创新发展;另一方面,来自外部环境,勇于承担社会责任,营造良好企业社会形象和口碑。索尼(Sony)、微软(Microsoft)等高技术企业的网站在面向公众开展科学传播方面已成典范。

二、国内青少年科普开展情况

随着我国经济社会和科学文化的快速发展,科普教育基地对我国的科普事业发挥着越来越大的促进作用。我国科普教育基地目前已经形成了完整而合理的体系。不同层级部门命名的科普教育基地,在数量上呈现出"金字塔"式的特征,实现了各类科普教育基地的地位和影响力、科普资源和科普效果间的平衡,保证了适应不同受众科普需求的科普基地布局和规划建设。

自 20 世纪 80 年代起,我国的儿童科学启蒙教育活动中,陆续引进了西方儿童科学教育理论和有益经验,对原有活动从活动理念、活动目标、内容和方法、手段等进行了全面的改革,提出了以科学素质早期培养为宗旨,以儿童为主体、教师为指导,促进儿童全面发展的儿童科学教育。

20 世纪 90 年代以后,在儿童启蒙教育活动的教育内容上,增添了人工智能的内容,向儿童介绍科技产品及其用途,教育范围也涉及社会问题,环境教育得到重视,还有的幼儿园开展了科技小制作活动。但总的来说,儿童科学启蒙教育活动的现状仍然是：比较强调儿童在活动中感知、探索、发现、认识客观自然界、自然物、自然现象的联系和关系，而忽视技术、科学发现和技术制作的联系、科学的应用和技术的作用以及科学、技术和社会三者的关系；比较重视使用感官、观察、分类、测量、表达、思考、解决问题等科学方法的学习，发展感知、观察、思维、交往等能力的培养，而忽视技能的学习、动手操作能力的培养；比较重视儿童对自然界的关注、好奇心和探索科学的兴趣的培养，而忽视培养儿童对技术的关心和兴趣，缺乏对科学、技术对社会影响的关注。

21 世纪以来，我国对于 3～8 岁儿童的科学教育基本情况是：① 儿童科学教育的载体主要是课程教学，关注学生应用知识和技能解决实际问题的能力，但是针对 3～8 岁儿童的科学启蒙教育活动载体还很少。② 国外虽有关注 3～8 岁儿童年龄特征的相似性案例，有把 3～8 岁儿童归类在一起进行教育的情况，但很少涉及科学教育的连续性（幼小衔接）和层次性。③ 我国为儿童科学教育制订了相关文件，但实施情况不容乐观；我国校外教育虽然开展了丰富多彩的科技教育活动，但是涉及 3～8 岁儿童的科学教育活动还很少（涉及幼儿园的活动项目远远少于中小学开展的活动项目），而且由于活动将小学 1～5 年级学生分在同一组别，造成小学一、二年级学生几乎无人参与活动的现象。此外，校外教育与学校教育的有效衔接有待于进一步在实践中强化。

来自上海的葛英姿，以理论结合实践的探索，编写了《儿童科学启蒙教育探索》一书，内容主要由儿童科学情景游戏、儿童科普活动和儿童科学探究活动三个不同层次和性质的科学启蒙教育活动组成。科学情景游戏，主要培养孩子对科学的兴趣；科普活动，主要让孩子参与多层次和多形式的科学普及活动；科学探究活动，主要让孩子初步接触科学研究的过程。

"儿童科学情景游戏"把游戏活动融入科学的元素，让幼儿园的孩子通过游戏活动接受科学启蒙教育。200 多个科学情景小游戏，经过专家评选后，把好的活动进行再次设计与修改，成为可供 3～8 岁年龄段儿童开展的一个个蕴含小小科学原理的科学情景小游戏活动，活动案例整理后供嘉定区幼儿园和小学一、二年级儿童开展情景游戏的科学启蒙教育活动。

"儿童科普活动"系列，对启蒙教育活动的理论、内容、形式、评价、反思等均进行了较为系统的阐述。通过儿童日常生活和身边常见的玩具、物品、自然现象以及生活环境等，以游戏活动的形式，在玩玩、说说、做做中激发儿童科学探究的兴趣和热情，带给他们眼、鼻、手、脚等多种感官的体验，让他们在轻松、愉悦的氛围中立体地、有一定深度地了解、认知简单的科学知识；学会关注大自然、关注周围事物的现象与变化;学会简单的科学探究和操作技能,从而较有效地促进儿童的感知、理解、应用、分析、综合等能力的提升,培养他们的科学思维和科学品质,促进他们健康快乐地成长。

从以上开展的科普教育活动可以发现,在上海这样经济发展走在全国前列的东部地区,有着更多的经济方面的支持,各类科协、科技馆、幼儿园等官方机构,可以依靠教育专家、教师、公职人员等专业人士,开展系列化的科普教育,但是,大学生科普志愿者等社会力量的参与度,仍有待提高。相对于中西部地区、农村地区,需要更多的大学生志愿者、社会力量,投入少儿科普这一领域。

在《中国科普报告》中,特别强调了青少年科普教育,并指出重视和加强青少年创新意识和实践能力的培养,是加快建立当代中国的科技创新体系、全面提高国家和民族的科技创新能力、实施科教兴国战略和可持续发展战略的重要环节。当今世界,科技创新已越来越成为解放和发展社会生产力的重要基础和标志,成为一个国家和民族发展和生存的先决条件。科技创新关键在于人才,在于青少年一代的培养。青少年科技创新能力的培养已成为各国政府部门和科技教育机构共同关注的焦点。在全面实施素质教育的今天,通过各种创新活动培养青少年的创新意识和实践能力,是开展青少年科技教育活动的目标和任务。

2002 年,中国科协组织实施的多种形式的青少年科技教育活动,都体现了对这一焦点的关注。2002 年中国科协系统共举办青少年科技竞赛 9 377 次,2 373 万人次参加了科技竞赛。举办青少年科技夏令营、冬令营 2 245 次,参加夏令营、冬令营人数达到 143 万人次。由此可见,少年儿童的科普教育主要是举办和开展各类青少年科技比赛、举办科技夏令营或冬令营。在这一科普活动中,不难发现,少儿科普教育主要是依赖学校、科协、科技馆等官方渠道,以比赛奖励作为激励形式,开展也主要集中在城市。

此外,我国社会公众对科普的需求快速增长,而传统的科技馆、青少年活动中心、专业科普馆、科普示范基地等科普场馆和设施已经不能满足社会公众的需求,这是各类基地特别是基层科普教育基地快速发展的客观原因。国内大多数教育培训机构都是针对语数英等课程的理论学习,缺少对儿童科学动手能力的培养,即使有也是价格昂贵,这种由企业或者社会机构提供的科普活动,参与成本较高,多数中低收入者家庭儿童基本没有机会和条件参加。

第三节　新时代少儿科普

一、新时代少儿科普的意义

　　该项目的目标在于：激发孩子对科学的兴趣，培养孩子的独立思考能力及动手操作能力；强化大学生志愿者的动手实践能力和综合素质，培养奉献精神，提高参与学生专业归属感；服务地方经济发展，促进中低收入家庭减负，构建和谐社区，助力新农村建设，助力科教兴国战略的实施。具体而言，体现在以下几个方面：

　　1. 青少年正处于世界观、人生观和价值观树立的萌芽期，他们渴求通过科学思想的传播使自身受到启迪，正是这一需求使他们把科学思想的传播置于首位。青少年通过学习和实践，已认识到科学方法无疑是可以借鉴的，可以成为他们正确解决困扰问题、参与科技实践和其他校园活动的指南。正因为如此，在向青少年进行科学传播时，最重要的也是他们受益最大的，就是科学方法的传播。在向青少年进行科学传播时，除了提升他们的科学素质外，我们还要提升他们的思想道德素质。另外，创新精神是推动科技进步和社会发展的最可贵的精神。我们通过科学知识的传播，使他们领悟并逐步树立创新精神，有益于科技创新后备人才的培养。

　　在当今时代，仅仅使青少年被动地接受非参与性的科普学习和活动，已不能适应形势发展的需要，那些能体现思维互动的参与性方式则越来越受到他们的欢迎。但在我们的校园里和社会上，提供给他们的科普实践和学习机会，远远满足不了他们的求知欲望和需求。好的活动形式多样、内容丰富、妙趣横生，善于唤起他们的思想共鸣，受到他们的欢迎；但有的活动形式呆板、脱离实际、缺乏新意，会导致青少年对科普失去兴趣。因此，科普知识的传播技巧和活动形式的多样是科普活动取得预期效果的重要保障。

　　2. 社区儿童科普项目同时也是大学生社会实践的需要。大学生社会实践活动是引导学生走出校门、接触社会、了解国情，使理论与实践相结合、知识分子与工农群众相结合的良好形式，是大学生投身改革开放、向群众学习、培养锻炼才干的重要渠道,是提高思想觉悟、增强大学生服务社会意识、促进大学生健康成长的有效途径。社会实践活动有助于大学生更新观念,树立正确的世界观、人生观、价值观。社会实践是大学生提高素质的重要环节,充分发挥新时期高校实践教育功能,对于提高大学生思想道德素质、科学文化素质、创新创业能力以及促进其个性化发展和社会化进程具有重要的作用。随着素质教育的普及开展,大学生能力建设逐渐成为高校人才培养教学目标的重点之一。社区儿童科普项目不仅是回报社会的积极实践,同时也是大学生响应国家素质教育全面发展的平台。

3. 促进构建和谐社区,助力新农村建设、科教兴国战略实施。该项目的出发点,是在于学校所在地的社区向高校提出的要求和希望。因此,项目主要是面向城市社区和偏远农村地区少年儿童开展科普教育、环保观念教育等方面的志愿服务活动,项目合作的对象既包括学校周边的社区、小学、幼儿园,也包括偏远地区的农村以及非政府的公益组织,特别是得到了南京市和润社会工作服务中心的大力支持。已经开展的服务,主要是在南京市的多个社区和小学实施,如江宁区的汤山街道、秣陵街道、东山街道等地的江南青年城社区、牛首社区、翠岛花城社区、麒麟门社区等,以及诚信小学、河海大学幼儿园、金陵中学河西小学部等,项目志愿者还以暑期支教的形式,赴全国十多个省份,开展科普小实验专题支教活动,覆盖人次达 4 000 左右,受到了广大家长和小朋友的一致好评。项目的实施,有助于提高社区儿童的课后服务,助力地方经济发展,提高科普活动效率,助力科教兴国战略的实施。

二、少儿科普的途径

学习借鉴西方发达国家的少儿科普教育,结合我国实际情况,探索适合我国当前经济发展现状的少儿科普教育途径或载体,以促进我国少儿科普实现较为显著的发展。基于此,少儿科普的主要途径包括以下几个方面:

1. 充分发挥学校的主体作用,实现科普教育系统化。在少儿科普教育的开展方面,在我国的教育体系中,学校发挥着主要的作用,是开展系统化规范化的科普教育的主要承担者。目前,学校在开展少儿科普教育方面,虽然取得了长足的发展,一些东部沿海经济发达地区,少年儿童在幼儿园、小学阶段,就能够接受到较为专业的科普教育。但是,在广大的中西部地区,仍然有为数众多的小学和幼儿园,存在没有资金、没有教师、没有设备等情况,不能开展系统的科普教育。此外,在学生的升学压力较大的情况下,学校和家长对于科普教育的重视程度也会受到影响。

在上述情况下,针对我国目前的实际情况,学习借鉴西方发达国家较为成熟的做法,科普教育不完全等同于科学教育,科普教育也包括组织引导学生进行动手的操作,开展科普小实验的演示、验证等。在考虑成本和专业化的背景下,可以引进市场的方式,针对每个年龄阶段的学生特点,通过购买相应的材料包,降低成本,提高效率和质量。

2. 全面提高科技场馆的专业作用,加强科普教育的专业化。在当前,我国大部分城市都有专门设立的科技馆,是面向青少年开展的、专业性的科普教育机构,属于公益性的事业单位。以南京科技馆为例,其目标是为提高全民综合素质、推进科技事业的发展而投资兴建的重大公益性社会文化项目,作为全市科普活动的重要基地,它承担着面向社会、公众,特别是未成年人开展科普教育的使命。

在少儿科普教育领域,科技馆及科学技术协会是专业性的机构,在科普的设备、设施方面也具有一定的优势,这就需要科技馆积极主动作为,不仅仅是被动地等待客户上门。在经济社会发展的基础上,全面更新科技馆的硬件和软件设施,引进 VR、仿真模拟、4D 全面感知系统等技术和设备,提高科普的吸引力,提高科普教育成效。此外,作为专业科普教育机构,应该积极走出去、引进来,通过培训更多的大学生志愿者,与更多的社区、学校开展合作,提高科普教育的覆盖范围,服务更多的少年儿童。

3. 全面发挥大学生的专业优势,扩大少儿科普教育的主体力量。在广大中西部地区以及城市中的幼儿园、部分小学等,因为资源有限,不能够面向全体学生开展科普教育,在这种背景下,如果可以充分发挥大学生的专业知识和时间方面的优势,可以较大程度上解决师资力量不足的问题,扩大科普教育的师资力量。

目前,在开展大学生志愿者进行少儿科普教育方面,仍然存在着一定的问题和困难。一方面,存在信息的不对称问题,有的学校、社区、乡村特别渴望引入大学生志愿者开展科普方面的志愿服务,但无法获取大学生志愿者的相关信息,没有途径联系,有意愿参与的大学生志愿者,也缺乏统一的组织,找不到合适的服务基地;另一方面,缺乏相关的政策支撑,缺乏规范的操作流程。谁来主导,通过什么途径,谁来给予系统培训,谁来承担相应的资金支持,尚未见官方的相关政策。当然,大学生科普服务活动项目的开展,也不可能一蹴而就,需要渐进地不断深入。

4. 全面激发企业市场的资源优势,提高科普服务的效率。在这方面,应该充分发挥市场主体的积极性,特别是企业、非政府组织的力量。在发达国家的少儿科普教育中,也能够充分看到非政府组织的推动,他们一方面组织联系基金会等社会力量,另一方面,联系社会各方面的志愿者,对志愿者进行培训、组织、评估等,开展少儿科普教育活动,能够以较低的社会投入获取到较高的回报。

在我国,非政府组织已经得到了快速的发展,犹如雨后春笋,在各地纷纷涌现,特别在公益方面起着越来越重要的作用。尤其是养老、助残、关爱留守儿童等,在对弱势群体的帮扶方面,发挥着越来越重要的作用。本研究得到了南京市和润社会工作服务中心的帮助,它是一个专业从事社区公益服务、节能低碳宣传教育方面的非政府组织,不以盈利为目的的公益组织。在项目开展、研究、实施中,得到了该公益组织的全力支持。当然,企业在少儿科普教育中的重要作用,仍有待全面研究、提高,在某些方面的少儿科普材料的提供、开展等,可以充分发挥企业在资金、技术方面的优势。

5. 重视发挥电视传媒等相关机构的优势,提高少儿科普教育的覆盖面。西方发达国家的青少年科普教育起步更早,形式更为多样,参与更加广泛。欧美国家更趋向于把科普教育工作进行地点下放,把选择权交给孩子。他们给予孩子们更多的自由时间,让他们自己去了解探索,并为他们提供良好的设施条件。

古往今来,我们国家都高度重视学生的科普教育,扩大少儿科普教育的实施范围,服务更多的少年儿童。特别是对于中西部地区、广大的农村地区,电视广播的传媒以广泛的覆盖面、较低的成本等方面的优势来扩大服务对象。当然,随着抖音、快手、西瓜等短视频平台的快速发展,也可以充分拓宽受众面。

综合分析以上国外青少年科普现状及国内外研究状况,可以发现,当前我国学者对青少年的科学教育在增强,但是仍存在着诸多有待解决的问题,诸如:缺少实践教育;缺乏大学生志愿者的规范化规模化的加入;少儿科普教育发展不平衡,广大中西部地区、农村地区、城市中低收入家庭等少儿接受科普教育的机会相对匮乏,与此相关的理论研究和实践项目还比较缺乏。当然,我们也注意到,有越来越多的家庭已经更加注重培养孩子的动手能力。

与此同时,大学生志愿服务参与水平和能力在逐步提升,越来越多的大学生愿意参与到青少年科普志愿活动中来,但需要有规范化、系统化的少儿科普组织项目来提供长期、稳定的科普志愿服务活动。面对这种需要,由谁来组织,在什么地方开展,谁来参与大学生志愿者的培训,做什么样的活动,如何实现对接,如何控制成本,如何提高青少年科普的成效⋯⋯这一系列的问题,亟待加强相关理论研究,开展实践探索。在这一拥有无限潜力、亟待填补空白的领域,希望本研究能够在理论和实践方面做出一点有益的探索。

延伸阅读:

儿童接触科学机会与培养科学兴趣的分析研究

学龄前儿童的非正式科学学习在家庭和日常生活中有相当大的可能性。父母可以选择为孩子购买玩具、电子媒体和专注于科学现象的书籍来增强这些体验。然而目前还不清楚这些学习科学的机会在多大程度上与幼儿的科学兴趣有关,或与未来兴趣的表达有关。

为了回答这个问题,我们纵向考察了家庭和社区提供的早期科学学习的相关机会与4~7岁儿童产生相关兴趣之间的关系。我们首先简要回顾儿童非正式科学学习机会,以及儿童对科学的兴趣的有关文献,尤其是性别差异方面。然后我们讨论了父母提供的机会和幼儿兴趣发展之间的潜在联系。

早期科学学习的机会

探索自然世界,阅读与科学相关的书籍并与数字媒体互动,以及进行简单的观察性研究和实验,可以把孩子们引入科学的世界。通过参观博物馆、阅读相关书籍和回答日常问题,父母可以在向孩子介绍科学方面发挥关键作用。卡拉南和同事的研究表明,父母很少尽力专门向年幼的孩子介绍复杂的科学原理,但他们通常对孩子的好奇心问题反应敏感,必要时分享"仿真事实"。父母经常将科学概念与熟悉的例子联系起来(尽管有时不准确),并跟孩子讨论复杂的科学思想。这些机会和对话可能是科学兴趣增长的基础。

衡量非正式科学学习机会主要参考两类资料——一种来自博物馆,另一种是更广泛的,来自以家庭为基础的活动的调查。以博物馆为基础的,对与科学相关话题的亲子对话的分析产生了丰富的数据,这些数据涉及儿童如何从特定话题的互动或动物园、博物馆或自然公园的展品中构建与科学相关的知识。这项工作表明,家庭以可预测的方式参与展览,父母经常承担教师的角色,向幼儿传递展览信息。从父母在非正式学习环境中引入科学话题的彻底性方面,人们偶尔会发现性别差异,男孩比女孩获得了更完整的科学解释。尽管来自博物馆研究的数据在很多方面都很丰富,但这些研究通常都是在单个时间点的截面上考察家庭,并倾向于集中在亲子或家庭互动上,这限制了我们可以得出的与科学相关的学习机会对科学兴趣或科学学习的影响的一般性结论。

另外,考虑到孩子在家庭和社区中接触科学相关经验的广度,对父母的访谈也可以用来评估家庭中广泛的非正式科学学习机会。Korpan 等(1997)开发了一个半结构式访谈,题为"与技术和科学相关的社区和家庭活动"。基于儿童的读写能力和非正式的科学学习文献,我们创建了五组问题,旨在确定家庭和社区中科学相关活动的范围和频率。最初的数据是从来自加拿大埃德蒙顿的 25 名幼儿园儿童和 35 名五、六年级儿童的母亲那里收集的。家长们称,他们的孩子平均每年在各个活动领域阅读科学书籍、观看科学电视节目约 150 次。此外,孩子平均每年参与大约 12 次与科学相关的社区活动,一些家长称每周都会参加与科学相关的活动或户外活动。但他们未报告机会方面的性别差异。

其他关于科学相关机会的大型调查也发现了很多性别差异。Kahle 和 Lakes(1983)报告称,男孩更有可能去社区中与科学相关的地方(如气象站),阅读更多与科学相关的文章,观看更多与科学相关的电视节目,在家完成更多的科学项目。此外,Jones、Howe 和 Rua(2000)发现,男孩更有可能在物理科学方面有过经验,包括涉及显微镜、电动玩具和滑轮的活动。女孩更有可能有自然科学和生命科学的经验,包括面包制作、园艺和观察鸟类等活动。

儿童对科学的兴趣

兴趣既是一种心理状态,也是一种个人倾向。当一个孩子对一个活动或话题感兴趣时,他们会表现出更持久、更积极的情感参与,以及将注意力集中在感兴趣的对象或事件上的倾向,而不是选择其他事情。当一种兴趣是相对持久的,就被称为个人兴趣。之前对幼儿兴趣的调查表明,即使是 2 岁的孩子也会对一个话题表现出兴趣。

我们认为,兴趣一旦得到充分发展,就代表了儿童选择参与或不参与某一领域或主题内未来活动的基础。但是,兴趣并不仅仅是关于目前正在被关注的特定对象。孩子们的兴趣通常集中在一种物体(恐龙)上,涉及与该物体相关的大量活动(阅读关于恐龙的知识,观看电视上的恐龙专题节目,玩塑料恐龙的模拟场景,向父母展示他们今天学到了多少关于恐龙的新知识)。兴趣及其相关的活动既满足了孩子们认知上的好奇心,又提供了一种积极的情感体验。然而,随着更充分地探索,我们发现兴趣并不是在真空中发展起来的(Renninger 和 Hidi,2011)。父母可能会通过创造特定类型兴趣发展和丰富的情境,对孩子早期兴趣的持久性产生显著影响。

大量研究表明,幼儿和小学阶段,儿童对科学相关主题的兴趣因性别而异。这些差异一直延续到高中阶段,并影响了获得理科学位的可能性。研究一再表明,男孩比女孩对学习科学相关的材料更感兴趣。与男孩相比,女孩的科学成绩更高,对学校和学习更感兴趣,但她们的消极态度仍然存在,甚至对于科学中的一些话题也是有性别差异的。男孩更有可能问一些关于物理的自发问题,而女孩则会问一些关于生物的问题。Farenga 和 Joyce(1999)发现,人们通常认为物理科学和技术相关的课程适合男孩,而生命科学课程适合女孩。在孩子们真正有机会参加学校提供的课程之前,这些观念就出现了。

最近,国家研究委员会的一份由 Fenichel 和 Schwinaruber(2010)撰写的报告以及 Falk 和 Dierking(2010)撰写的一篇文章认为,非正式的科学学习可能是提高科学相关领域兴趣和成就的关键,尤其是对女孩来说。了解科学相关兴趣的性别差异是很重要的,因为进入科学和工程专业的女性和男性的比例仍然存在显著差异(国家科学委员会,2006)。此外,研究发现兴趣与学习指标(如对理解问题的阐述和正确回答)以及更多的全球性指标(如增加领域知识、成绩和成就)相关。

在儿童早期和中期兴趣发展的协同调节模型

关于某些兴趣能够产生并持续,而其他兴趣随着时间的推移而减少,或根本没有发展的原因,很少有研究可用。我们认为,如果没有足够的支持,即使是学龄前儿童中相对强烈的个人兴趣也不太可能在相当长的持续时间内达到顶峰,并最终获得知识。父母通过挑选、鼓励或禁止特定的玩具、书籍和活动,对幼儿所处的环境施加巨大的控制。此外,育儿方式对儿童的游戏方式和兴趣有实质性的影响(Creasey、Jarvis 和 Berk,1998;Pingree、Hawkins 和 Botta,2000)。是父母创造的机会激发了孩子的兴趣,还是孩子的兴趣促使父母提供机会,目前还没有很好的解释。随着时间的推移,我们看到了三种不同的模式。

首先,父母在家里提供的学习科学的机会可能会成为与科学有关的兴趣的自然触发器。Bronfenbrenner(1993)认为,一般而言,发展是孩子自己的个人特征和与自己互动的重要人物,以及孩子发现自己所处环境的物理和符号特征之间的互动。此外,正如 Bronfenbrenner(1995)所指出的,当"人或事的参与在一段较长时间内定期发生"时,环境对儿童的影响可能最强。人们可以想象这样一种情况:父母(带着自己对科学的信仰和想法)购买特定的玩具,或者他们更有可能定期带孩子去他们自己喜欢的特定场所。父母也可能有意或无意地模仿孩子对特定话题或领域的好奇心和探索（Bradbard 和 Endsley，1980；Chak，2010）。所以父母的信念和机会所处的环境成为孩子发展特殊兴趣和好奇心的基础。

其次，孩子对科学兴趣的表达首先会被家庭成员注意到，随后会提供更多的机会来培养他们对科学的兴趣。换句话说，父母利用孩子的兴趣为他们增加新的活动和机会，并提供他们知道孩子会喜欢的活动或资源，意图培养孩子迅速增长的兴趣。

最后，协同调节模型可以表征儿童期的兴趣发展，早期经验和机会促进与科学相关的兴趣，兴趣协同促进后续进一步参与科学学习的机会。我们假设的协同调节模型与在其他领域中的发现相似，在这些领域中，成年人培养孩子对事物的态度，最终会影响到父母（Eisenberg 等，1999；McDevitt 和 Chaffee，2002；McDevitt 和 Ostrowski，2009；Chak，2010）。

先前关于概念性兴趣（其中许多与科学相关）发展的研究，提出了这样一个协同调节模型。Johnson、Alexander、Spencer、Leibham 和 Neitzel（2004）阐述了父母对家庭内部教育和交流的重要性，以及关于一致性和玩耍时间的重要性的信念，似乎为概念性兴趣发展"奠定了基础"。另一方面，Leibham、Alexander、Johnson、Neitzel 和 Reihenrie（2005）的研究表明，在孩子表达对某个领域的兴趣后，家长会提供支持和机会，记录孩子参与感兴趣领域的具体过程。目前的研究试图从纵向上探索这种关系。

设计和假设概述

本研究纵向考察了家庭提供的早期科学相关机会与4～7岁儿童产生科学相关兴趣之间的关系。我们假设，随着时间的推移，通过儿童兴趣和父母提供的非正式科学机会之间的协同调节，儿童对科学的兴趣逐渐发展起来。其次，我们认为这种协同调节周期对男孩和女孩可能不同，这也许能最终解释科学兴趣中的一些性别差异。

方　法

一、参与者

我们最初的参与者样本包括215名儿童（90名女孩，125名男孩），年龄在4岁。0～4岁，研究开始时6岁（$M=4;2$）。招募这些儿童来进行关于幼儿兴趣发展的前瞻性纵向研究（Alexander、Johnson、Leibham 和 Kelley，2008；

Johnson 等,2004;Leibham 等,2005；Neitzel、Alexander 和 Johnson,2008)。在 1999—2000 年的 12 个月期间,通过在当地报纸上刊登的简短文章、在儿科医生办公室和当地儿童博物馆张贴的传单、通过大学和社区、通过为种族和社会经济多元化社区服务的幼儿园和日托所来招募有 4 岁孩子的家庭。在这些交流中,我们告诉家长们,这项研究的重点是探索学龄前男孩和女孩发展的游戏兴趣类型,孩子们将会收到小礼物作为他们参与的回报。

招募和测试在两个地点进行:一个城市大学校园(77％的样本)和一个位于同一中西部州的农村大学城。在研究的 3 年里,由于搬到其他州或家庭日程的变化而造成的人员流失减少了孩子的数量。因此,分析是基于 4～5 岁的 $N=215$,5～6 岁的 $N=199$,6～7 岁的 $N=192$。12 个月的招募窗口允许在整个研究中进行分期评估[①]。

样本中的大多数(86％)是白种人,6％是非洲裔美国人,3％是西班牙裔/拉丁裔,亚洲和美洲土著儿童的比例非常小。参与调查的家庭收入中位数在 55 000 美元到 65 000 美元之间($SD=35 000$ 美元),母亲和父亲的平均教育水平约为 16 年。在招募时,61％的孩子是长子,20％的孩子没有兄弟姐妹,而 57％的孩子有一个兄弟姐妹。平均而言,这些孩子在 4 岁时接受了 19.59 小时的非家庭护理($SD=17.06$ 小时)。在三年的接触中,大多数受访家长是母亲 (93％)。

二、措施

非正式科学学习的机会。Dierking 和 Martin(1997)将非正式学习机会定义为"非顺序、自配速、非评估且经常涉及群体的"。在目前的研究中,我们将非正规科学学习机会作为社区和家庭活动来运作,这些活动可能会让孩子们对科学和科学家概念的理解不断加强,且这些活动的目的是让孩子们接触到与科学相关的内容。虽然科学可以融入许多非正式活动(例如,在艺术博物馆讨论手稿的老化),但针对科学的活动持续为学生提供了接触科学相关思想和事实的机会。我们对社区活动(例如参观科学博物馆)、家庭活动(科学实验,其他与科学相关的爱好)、看电视、阅读,以及年龄较大时使用与科学相关的计算机感兴

---

① 虽然在 3 年的研究中保留了 89％的样本,但是要指出,家庭参与的自愿性质可能最终会限制研究结果的普遍性。父母(和孩子)愿意参与反复的评估,并每年通过多次电话(或电子邮件)来监测孩子的兴趣。因此,我们的样本可能包含了不成比例的高代表性的相对稳定的家庭,很少有社会经济或社会心理压力源。

趣。对我们来说,频繁接触这些类型的活动应该转化为更多与科学相关的对话和学习的机会,以及激发对科学相关话题的好奇心的机会。

在孩子 4 岁和 5 岁时的实验室探访中,父母填写了一份问卷,其中包括14 个项目,重点是与科学相关的家庭活动的频率。4 岁时的项目(以及用于量化父母根据性别回答的分数值)可在表 3-1 中找到。对每个年龄段的分数进行汇总,然后进行标准化,得到 4 岁和 5 岁科学学习机会(SLO)指数。

当孩子 6 岁时,我们要求家长完成与科学相关的社区和家庭活动或幼儿园(Korpan 等,1997;Korpan、Bisanz、Bisanz 和 Lynch,1998)的问题,类似于4 岁和 5 岁时问的那些,但要求有更广泛的科学相关活动的细节。采用特别的项目(例如,与科学相关的电视节目列表、社区活动)以反映当地可获得的科学学习机会。汇总各项目的分数,然后标准化得到 6 岁儿童的 SLO 指数。表 3-2 列出了按儿童性别分类的相关项目、分值和回答的摘要。

表 3-1　4 岁孩子的科学学习机会的项目评估

项目	分配的点数	男生:M(SD)	女生:M(SD)
活动频率:			
你的孩子去年去过科学博物馆吗?	1	0.73(0.45)	0.70(0.46)
你的孩子去年去过动物园/水族馆/植物园吗?	1	0.92(0.28)	0.91(0.3)
你多久去一次动物园或水族馆(每年超过 8 次=4 分;每年少于一次=1 分;从不=0 分)	0~4	2.64(0.89)	2.62(0.98)
你、你的配偶、年长的兄弟姐妹或者经常的玩伴有以下爱好吗?			
建模(例如汽车、火车、飞机)	每人 1 分,0~4	0.27(0.52)	0.21(0.49) *
观鸟	每人 1 分,0~4	0.26(0.60)	0.31(0.71)
计算机(与游戏区别)	每人 1 分,0~4	1.77(1.12)	1.65(1.02)
动物	每人 1 分,0~4	0.73(1.15)	0.88(1.02)
科学	每人 1 分,0~4	0.68(0.96)	0.58(0.79)
园艺	每人 1 分,0~4	0.97(0.87)	1.05(0.89)
古生物学(例如恐龙化石)	每人 1 分,0~4	0.52(0.82)	0.33(0.89) +
电子学	每人 1 分,0~4	0.41(0.56)	0.37(0.53) +
在校外,你的孩子多长时间看一次以下电视节目或者视频?			
野生动物(每天 7 点,每周 1 点)	0~7	1.57(2.32)	1.38(2.34)
在校外你的孩子多久读一次以下书目?			

项目	分配的点数	男生：M(SD)	女生：M(SD)
野生动物(每天 7 点,每周一点)	0~7	2.04(2.63)	1.55(2.27)
事情是如何运作的(7 点＝每天一点＝每周)	0~7	1.36(2.09)	0.70(1.47)*+
可能范围	0~35	15.10(7.12)	13.75(5.33)

注：* 4 岁,$t(203)=2.5$, $p<0.05$；+ 5 岁,$t(200)>1.97$, $p<0.05$。

为了控制家庭之间的自然差异,即他们倾向于在家庭之外参加一般活动的频率,所以计算了一个家庭活动得分。在 4 岁和 5 岁时,与非科学相关活动的频率相关的项目,如艺术博物馆参观、音乐活动、电影和剧院参观,使用模拟科学相关活动的量表进行编码。对这些项目进行汇总,得出每个年龄段的家庭活动得分。在 6 岁时,编码并汇总类似的非科学的社区活动项目(包括评估去游乐园的频率和参加团体会议,如童子军活动),以创建 6 岁孩子的家庭活动得分。随后平均三个家庭活动得分,以提供一些(虽然不是全部)分析的协变量测量。

在目前的研究中,我们感兴趣的是捕捉个人而不是情境的兴趣(Hidi 和 Renninger,2006)。我们通过父母对三个问题的回答来实现对儿童兴趣的研究：(1)你的孩子在自由玩耍时间喜欢做什么？(2)如果你的孩子有一个小时的时间做任何事情,他们更喜欢做什么？(3)你的孩子是否有一个集中的兴趣(是什么兴趣)?

人们后来把兴趣报告编码为科学或非科学相关。如果这三个问题中的任何一个的答案与科学相关,那么可以认为孩子们在接触过程中对科学是有兴趣的。科学兴趣被定义为那些与图表内容领域相一致的兴趣,包括生命和自然科学(如恶龙、马)、地球科学(如岩石、空间)、力学(如汽车)或技术(如计算机)。当特定兴趣领域的科学方向不明确时,评估儿童参与该领域活动的性质。例如,一个只参与骑马活动的孩子对马感兴趣,就不会认为他对生命科学感兴趣,而一个对马感兴趣的孩子,广泛阅读不同种类的马,除了骑马还收集马的模型,就会被认为是对生命科学感兴趣。只有当孩子对计算机或互联网的工作原理表现出兴趣时,"计算机"才被认为是一种以科学为导向的兴趣；如果孩子只是对用电脑玩游戏或学习感兴趣,则不算在内。

编码由一人完成,另一人对样本中 20%的人的兴趣进行重新编码。两位编码员的原始协议率为 97%,少数的分歧通过两位作者的讨论得到了解决。

三、过程和设计

每位家长都完成了相关问卷,他们的孩子则参加了与活动无关的年度实验室评估。第一年之后,当父母难以前往实验室时,少数年度评估作为家访进行。有关孩子兴趣的数据从 4 岁开始,通过每月两次的电话或电子邮件联系(每年 6 次)来收集。为了减轻向学校过渡后家庭的负担,当儿童年龄在 6 至 7 岁之间时,①每 4 个月进行一次接触。电话采访通常需要 7 到 10 分钟才能完成。由于时间安排困难,并非每个孩子在每个联络点都有兴趣数据。如果亲子二人组在 4~5 岁和 5~6 岁之间的每 1 年间隔中至少完成了 6 次访谈中的 5 次,以及 6~7 岁之间至少完成了 3 次访谈中的 2 次,那么他们就被纳入了纵向分析。为了处理访谈数量的变化,儿童的兴趣由每年报告的科学兴趣接触的比例来表示。

表 3-2　评估 6 岁孩子各项目的 SLO

项目	分配的点数	男生;M(SD)	女生;M(SD)
花在科学、自然或技术上的时间百分比?			
阅读(0~20%＝ 1,80%~100%＝ 5)	1~5	2.24(1.12)	1.58(0.97)*
计算机时间(0~20%＝ 1,80%~100%＝ 5)	1~5	1.63(1.05)	1.23(0.55)*
电视(0~20%＝ 1,80%~100%＝ 5)	1~5	1.65(0.93)	1.47(0.88)*
在过去的一年里,有多少次有人和你的孩子做过科学实验?		5.72(7.75)	4.98(9.02)
你孩子的问题中有多少与科学有关?(1=没有问题;2=很少;3=大部分时间;4=每次)	0~4	3.11(0.85)	3.05(0.76)

————————————

① 在最初开发问卷(Korpan 等,1998)时,没有进行因素分析。我们确实提交了在儿童 6 岁时收集的数据,进行了方差旋转主轴因子分析(第一年使用的项目太少,无法对表 3-1 中列出的项目进行平行因子分析)。分析揭示了 5 个离散因素(24 个项目中的 20 个明确地加载在 5 个因素上)。然而,这些因素之间的相关性相当高($t=0.2150$,$p<0.001$),表明潜在的概念一致性。性别差异出现在两个因素上:(1)据报告,男孩花更多的时间从事与科学相关的活动(包括看电视和阅读),并提出更高比例的科学问题;$t(191)=3.6$,$p<0.001$;(2)男孩的父母也更有可能通过收集额外的信息来回答孩子的问题;$t(191)=2.2$,$p<0.05$这些因素差异很大程度上反映了表 3-2 中已经报告的单项差异。因为我们对估计家庭科学学习的总机会很感兴趣,所以我们决定保留综合 SLO 指数,而不是为后续分析与儿童科学兴趣的关系估计因素。

项目	分配的点数	男生：M(SD)	女生：M(SD)
以下活动多久从你的孩子身上激发出与科学有关的问题(1＝偶尔；2＝有时候；3＝大部分时间；4＝每次)			
参加与科学有关的爱好或活动	0～4	2.44(1.22)	2.46(1.13)
读一本关于科学的书	0～4	1.96(1.47)	1.86(1.33)
使用计算机	0～4	1.95(1.22)	2.00(1.26)
看科学电视节目	0～4	2.51(1.24)	2.47(1.14)
照顾动物或园艺	0～4	2.12(1.20)	2.56(1.02)*
参加社区活动或计划	0～4	1.36(1.55)	1.18(1.50)
看关于科学的电影或录像	0～4	2.14(1.46)	1.95(1.32)
当回答与科学有关的问题时,你会做以下几件事?(1＝从不；3＝有时；5＝总是)			
查阅百科全书	0～5	2.06(0.92)	1.86(0.96)
查阅一本与科学有关的书	0～5	2.64(0.92)	2.51(0.95)
观看电影或视频	0～5	2.17(0.91)	1.86(0.88)*
问一个可能知道这个话题的人	0～5	2.92(0.85)	2.72(0.91)
仔细观察或进行简单的科学实验	0～5	2.35(0.86)	2.46(0.81)
搜索互联网	0～5	2.60(1.05)	2.60(0.96)
回答孩子的科学相关问题你觉得舒服吗?(1＝非常不舒服；5＝非常舒适)	0～5	4.17(0.98)	4.30(0.84)
你的工作(或家中其他成年人的工作)涉及科学吗?(每人1点,最多2点)	0～2	1.19(0.79)	0.98(0.80)
你对科学有多感兴趣?(1＝非常不感兴趣；5＝非常感兴趣)	0～5	4.09(0.97)	1.07(1.00)
每个月花多少小时看与科学有关的电视节目?			
观看不同类型科学节目的人数	原始范围	4.52(2.53)	3.81(2.34)
每月看科学节目的小时数	原始范围	10.67(12.53)	9.79(11.42)
去年访问特定科学相关社区活动的频率有多高?			
不同类型的科学活动数量	原始范围	4.71(2.26)	4.58(2.00)
科学活动总数	原始范围	13.75(10.23)	21.69(10.23)
可能范围	0～161	72.75(28.17)	68.90(24.10)

注：$^*t(190) > 1.97$，$p < 0.05$。

　　我们的设计是纵向的,我们的分析策略必然是相关的。我们不可能将家庭分组(或分配),以控制参与非正式科学学习的机会,也不可能在一开始就确定哪些孩子会表现出短暂或持久的与科学相关的个人兴趣。尽管这使得我们不可能得到关于科学兴趣和机会之间关系的因果推论,但在可能的情况下,我们对理论上相关的变量进行统计控制,并采用多组路径分析来检验这些结构之间的关系。

结 论

我们首先提供描述性信息,探讨了 4 岁、5 岁和 6 岁儿童在科学活动机会和科学兴趣方面的性别差异。接下来,使用多组纵向路径分析验证了我们的假设,即儿童对科学的兴趣发展是通过儿童对科学的兴趣和父母提供的非正式科学探索机会之间的协同调节循环实现的。

初步分析表明,按出生顺序(第一个与所有其他人;所有检验统计量小于 1.5,无显著差异)、兄弟姐妹数量(独生子女与所有其他人;0 和 1 与所有其他人;检验统计量小于 1.01)或户外照顾动物的小时数(每年的中位数;检验统计量小于 1.6)报告的科学兴趣频率没有显著差异。因此,在其他分析中将舍弃这些变量。

一、科学学习的机会

通过重复测量方差分析(ANOVA)对每个年龄(4 岁、5 岁和 6 岁)的 SLO 指数进行比较,测试年龄作为组内因素,性别作为组间因素。与此分析相关的平均值和标准误差列在表 3-3 中。结果表明性别没有显著影响,$F(1,190)=3.50$,无显著差异,$\eta_p^2=0.02$。这表明,非正式科学机会的相对经验水平在性别之间没有统计学上的差异。为了控制家庭之间的自然差异,即他们往往在家庭之外参加一般活动的频率,该分析作为协方差分析(ANCOVA)重新运行,与平均家庭活动得分共变。结果表明,家庭活动得分与家庭活动能力评分显著相关,表明这是一个良好的协变量,$F(1,189)=37.53$,$p<0.001$,$\eta_p^2=0.17$。此外,性别对 SLO 指数的影响 $F(1,189)=7.51$,$p<0.01$,$\eta_p^2=0.04$,男生父母报告的科学相关机会多于女生父母。

表 3-3 按性别分类的路径分析中,所有标准化变量的平均值和标准差

测度	男孩;$M(\mathrm{SD})$	女孩 $M(\mathrm{SD})$
科学学习机会(SLO)评分(标准化)		
4 岁	0.10(1.11)	−0.12(0.83)
5 岁	0.13(1.09)	−0.19(0.83)

续表

测度	男孩；M(SD)	女孩 M(SD)
6 岁	0.06(1.07)	−00.10(0.89)
科学兴趣（接触比例）		
4 岁	0.47(0.38)	−0.16(0.27)
5 岁	0.36(0.39)	0.12(0.24)
6 岁	0.27(0.38)	0.11(0.26)
与科学无关的活动（标准化）		
4 岁	−0.08(0.97)	0.07(0.98)
5 岁	−0.09(1.04)	0.13(0.93)
6 岁	−0.11(0.88)	0.15(1.13)

注：①男孩：4 岁、5 岁和 6 岁的样本量分别为 125、117、111；
②女孩：4 岁、5 岁和 6 岁的样本量分别为 90、82、81。

除了只有一个项目与照顾动物有关外，其他项目在科学学习机会方面的差异更有利于男孩。这些项目大多与儿童和科学导向型信息来源（书籍、数字媒体）互动的频率有关。尽管在 6 岁时，在电视上观看科学内容的总时长上没有发现显著的性别差异，但男孩往往比女孩更倾向于观看与科学相关的电视节目 $t(191)=2.06, p<0.05, d=0.30$。据报告，男孩和女孩启动简单实验和观察的比率相当（见表 3-1 和表 3-2）。

二、孩子的科学兴趣

在每次电话联系时，如果孩子的父母就三个目标问题中的任何一个报告了与科学相关的活动，我们就可以确定孩子对科学感兴趣。然后，这个频数被转换成反映出科学兴趣的联系的比例。以时间为组内因素、性别为组间因素的重复测量方差分析发现，性别 $[F(1,199)=30.41, p<0.001, \eta_p{}^2=0.13]$ 和时间 $[F(2,398)=21.34, p<0.001, \eta_p{}^2=0.10]$ 具有显著的主效应。性别和时间的显著交互作用 $[F(2,398)=9.54, p<0.001, \eta_p{}^2=0.05]$ 在报告科学兴趣的接触中所占的比例表明，男孩比女孩更有可能被确定有科学兴趣。此外，在整个研究期间，与我们联系的孩子中报告有科学兴趣的比例显著下降。

为了更充分地探索两变量的交互作用，对每个性别进行了重复测量方差分析。结果显示，男孩在时间变量上有显著差异，$F(2,232)=27.71, p<0.001, \eta_p{}^2=0.19$，随着时间的推移，以科学为兴趣的接触比例显著下降。女生对科学感兴趣的接触比例没有显著下降，$F(2,166)=1.70, \text{ns}, \eta_p{}^2=0.02$，但在所有

三个年龄段内都占据相当小的比例。图 3-1 说明了随时间变化的趋势。

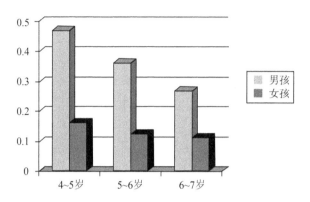

图 3-1　按性别分类的每年报告对科学感兴趣的联系人比例

三、科学学习机会和科学兴趣之间的关系

推动我们调查的关键问题是,儿童的科学兴趣在多大程度上与父母报告的家庭和当地社区非正式科学学习机会有关,以及这种关系是否随时间的推移对男孩和女孩有所不同。对每个年龄的 SLO 和家庭非科学活动得分(反映参与家庭课外活动的一般倾向)之间关系的初步探索,显示了其显著的相关性(4 岁的 $r[214]=0.36$,5 岁的 $r[206]=0.33$,6 岁的 $r[193]=0.20$,$p<0.01$),表明一些家庭比其他家庭更经常参与科学和非科学活动的一般趋势。为了控制这些差异,下文报告的路径分析中包括了非科学相关活动得分。

一个多分类组(性别)路径分析模型可用来检验在三个测量场合中,与科学相关的兴趣和与科学相关的机会之间的关系。与更简单的方法相比,路径分析模型的优势在于,其将理论模型映射到变量上,并允许评估模型的整体拟合,以及量化由路径连接的变量之间的关系。路径分析模型和相应的最大似然参数估计如图 3-2 所示。所有变量的平均值和标准差如表 3-3 所示。

利用孩子们(4~5 岁、5~6 岁和 6~7 岁)的科学兴趣和父母在 4 岁、5 岁和6 岁时报告的与科学相关的机会的测量,我们在他们以前的值的条件下模拟了所有后来的分数对结果的影响(也就是自回归效应),以及在其他度量值的先前值的条件下,后来的分数对结果的影响(即交叉滞后效应)。我们还在这三个时间点分别纳入了与科学无关的兴趣,作为与科学相关的兴趣和学习科学的机会的控制变量。最主要的兴趣是在随后几年从科学相关兴趣到科学学习机会,以及在随后几年从每个 SLO 到科学相关兴趣的交叉负载。

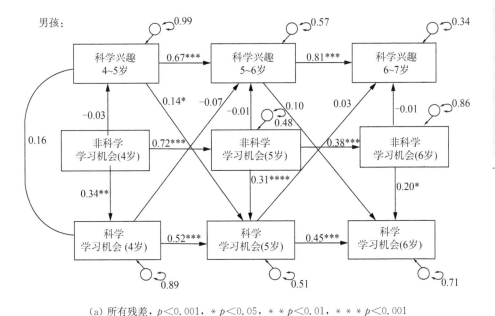

（a）所有残差，$p<0.001$，＊$p<0.05$，＊＊$p<0.01$，＊＊＊$p<0.001$

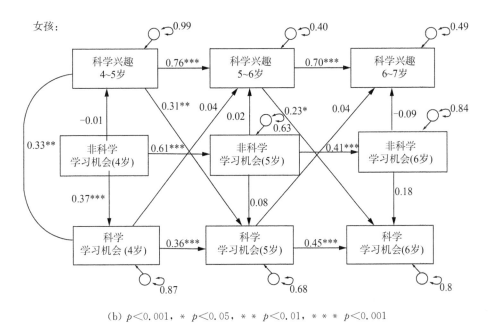

（b）$p<0.001$，＊$p<0.05$，＊＊$p<0.01$，＊＊＊$p<0.001$

图 3-2 （a）路径分析预测未来的科学相关兴趣和科学学习机会,考虑到男孩的早期科学相关兴趣和科学学习机会。（b）路径分析预测未来科学相关兴趣和科学学习机会,为女孩提供早期科学相关兴趣和科学学习机会。

作为一种量化整体模型有效性的方法,我们使用了近似均方根误差(RMSEA)。RMSEA 小于 0.05 一般表示与模型的拟合良好,小于 0.08 表示与模型的合理拟合,而大于 0.10 则表示与模型的不合适拟合(Brown 和 Cudeck,1992)。拟合模型的 RMSEA 为 0.077,对应的 90%置信区间限值分别为 0.040 和 0.110。由此可见,点估计在合理范围内,而置信区间上限略超合理范围。相应地,基于 RMSEA 值我们认为该模型是合理的。

表 3-4　按变量和性别分类,路径分析中的方差比例

测度	男孩模型	女孩模型
4 岁孩子的科学学习机会分数	0.11*	0.13[p=0.52]
5 岁孩子的科学学习机会分数	0.49***	0.32***
6 岁孩子的科学学习机会分数	0.29***	0.20**
4~5 岁与兴趣接触者的比例	0.001	0.000[a]
5~6 岁与兴趣接触者的比例	0.43***	0.60***
6~7 岁与兴趣接触者的比例	0.66***	0.51***
5 岁的非科学机会评分	0.52***	0.37***
6 岁的非科学机会评分	0.14*	0.16*

注:①整体模型 RMSEA＝0.077,90%置信区间＝0.039,0.110;
②[a] 模型中的两个 4 岁孩子的变量都被认为是后期变量的预测因子。我们没有试图解释这两个变量中的差异。本表中记录的 4 岁 SLO 指数的重要结果是该变量与 4 岁非科学机会分数之间关系的伪影(从而确认在当前分析中包括非科学机会分数的适当性);
③ *$p<0.05$,**$p<0.01$,***$p<0.001$。

表 3-4 显示了模型中每个变量的方差比例,模型中包含的预测因子解释了每个变量中的大量方差。然而更有趣的是,路径分析证明,男孩和女孩的早期科学兴趣都得到了家长的积极响应,在报告兴趣后的第二年提供了更多的科学学习机会。这种模式对女孩来说更为稳健,在我们捕捉到的所有三个时间点上都可以看到。在我们研究的时间范围内,我们无法记录提供早期科学机会与后来发展科学相关兴趣之间的纵向关系。

四、科学学习机会的细节

考虑到兴趣对后来的科学学习机会的显著影响,我们探索了在 4 岁时表现出高水平科学兴趣和低水平科学兴趣的女孩所能获得的机会的差异(4~5 岁时对科学没有兴趣的女孩,与联系到的有科学兴趣的女孩的比例至少为 0.17)。在 4 岁时,分类后的各组女孩之间很少出现差异。对科学有较高兴趣

的女孩和有共同科学爱好的人住在一起,这些爱好包括观鸟、动物和一般科学[所有检验统计量 $t(82) > 1.97, p < 0.05$]。然而,阅读与科学相关的书籍或观看与科学相关的电视节目的频率没有差异。

在 $6 \sim 7$ 岁的时候,4 岁时对科学感兴趣的女孩比 4 岁时对科学没有兴趣的女孩花在阅读和看科学相关电视节目上的时间比例更高。据报道,她们看科学相关电视节目的时间也更长。而与科学相关的社区活动的数量在没有科学兴趣的 4 岁女孩和有科学兴趣的女孩之间没有差异。据报道,在 4 岁时,阅读和看电视更有可能激发有科学兴趣的女孩提出与科学相关的问题,而没有科学兴趣的女孩不会。有趣的是,在 4 岁时,有科学兴趣的女孩的父母比没有科学兴趣的女孩的父母对科学更感兴趣。最后,如果女儿在 4 岁时对科学感兴趣,相比于对科学不感兴趣,父母在回答女儿的科学问题时更不愿意上网(更喜欢书籍或百科全书)。表 3-5 详细说明了 4 岁女孩在 $6 \sim 7$ 岁时的重大发现。

表 3-5　4 岁时对科学兴趣高与低的女孩在特定科学学习机会上的差异

项目	分配的点数	低兴趣水平女孩:M(SD)	高兴趣水平女孩:M(SD)
花在科学、自然或技术上的时间百分比?			
阅读(0~20%＝1,80%~100%＝5)	1~5	1.33(0.77)	2.00(1.14)
电视(0~20%＝1,80%~100%＝5)	1~5	1.24(0.51)	1.87(1.19)
以下活动多长时间激发孩子提出与科学有关的问题(1＝偶尔;2＝有时;3＝大部分时间;4＝每次)			
读一本关于科学的书	0~4	1.55(129)	2.40(1.25)+
看科学相关电视节目	0~4	2.24(1.19)	2.87(0.94)+
当回答与科学有关的问题时,你会做以下几件事?(1＝从不;3＝有时;5＝总是)			
搜索因特网	0~5	2.76(0.86)	2.33(1.06)+
你对科学有多感兴趣?(1＝非常不感兴趣;5＝非常感兴趣)	0~5	3.90(1.06)	4.40(0.81)+
每个月花多少小时看与科学有关的电视节目?			
每月看科学节目的小时数	原始范围	6.22(4.89)	15.84(15.64)*
观看不同类型科学节目的人数	原始范围	3.31(2.03)	4.66(2.48)*
科学活动总数	原始范围	12.19(7.78)	13.54(13.12)

注:* $t(79) > 2.00$, $p < 0.05$;+ $t(79) > 2.48$, $p < 0.01$。

五、讨论

不出所料,我们发现,从学龄前到童年中期,早期对科学的兴趣是日后对科学兴趣的最佳影响因素,早期非正式的科学学习机会预测了男孩和女孩日后从事科学相关活动的机会。值得注意的是,这些因素在孩子这么小的时候就出现了。有人认为,在 12 岁以下的儿童中,随着时间推移,其兴趣的稳定性非常低(Roberts 和 Rounds,2005)。也有人发现,兴趣在小学后期确实表现出了适当的稳定性(Tracey 和 Sodano,2008;Tracey 和 Ward,1998)。我们的数据显示,这种稳定性可能比以前的研究所证明的要早得多。

这些幼儿兴趣的稳定性和个体差异性也促使我们重新审视 Todt 和 Schreiber(1998)的断言,即早期兴趣只是认知发展顺序的反映(例如,皮亚杰结构)。我们一致认为,幼儿的兴趣范围很可能是有限的,这仅仅是限于他们在认知上可以获得的东西。我们不会期望一个年幼的孩子对航空工程产生兴趣。然而,他们确实想弄清楚如何让他们的纸飞机飞得更远,以及如何让他们的乐高玩具飞机的机翼变得更长。因此,在某种程度上,Todt 和 Schreiber(1998)是正确的,因为小孩子在兴趣方面所表达的可能性是有限的。然而,兴趣的特殊性和参与时间的长短表明,这些都是"真实的"个人兴趣,并且似乎正在成为人们看待自我的方式中的一个方面。

在目前的研究中,父母提供的与科学相关机会的频率年复一年也有类似的稳定性。这表明,在我们的研究中,中产阶级家庭很早就在孩子的生活中培养了习惯,并倾向于在相当长的一段时间内继续这些习惯。从我们的分析中得出的最重要的发现是,儿童表现出的早期科学兴趣强烈地预示着他们日后是否有机会参与非正式的科学学习,但并没有发现相反的模式(早期机会预测日后的科学兴趣)。

我们的结果表明,在父母对孩子与科学领域相关兴趣的报告中,存在相当典型的性别差异。而性别的影响是值得注意的。例如,我们的研究结果表明,当年轻女孩表现出对科学的兴趣时,父母尤其倾向于在童年后期为科学学习提供更多机会。尽管随着时间的推移,支持的程度降低,但在我们的样本中,男孩也是如此。我们的数据表明,不管男孩在 4 岁后是否表现出对科学的兴趣,他们都能获得科学机会。而另一方面,女孩在表达对科学的兴趣时获得的科学机会比没有表达兴趣时更多。这种支持包括阅读和看与科学有关的电视,回答其中遇到的科学问题,并咨询可靠的来源,帮助回答孩子的问题。

有趣的是，我们的结果显示，至少在 4 岁至 7 岁之间，家庭提供的早期科学学习机会对儿童日后对科学相关兴趣的表达没有直接影响。这令人惊讶，它与许多中产阶级父母的信念背道而驰，他们认为向幼儿提供早期高质量的科学相关体验是很重要的。我们的数据清楚地表明，许多孩子在 4 岁时就已经对科学相关领域感兴趣了。似乎在一些家庭中，父母提供的与科学相关的机会可能会对孩子 4 岁之前的早期兴趣发展产生影响。本研究中的数据来自家长的回忆，这证实早期兴趣的出现是明确的，偶尔有孩子早在 18 个月大的时候就出现了。当我们采访他们时，父母也在孩子 4 岁时报告说，他们的孩子对科学相关的话题感兴趣的时间平均为 18 个月，通常报告的第一次感兴趣的年龄在 2 到 3 岁之间。因此，很有可能是父母早期提供的科学相关活动激发了幼儿的兴趣，但我们收集数据的时间限制了我们可以得出的结论。

不管曾经的科学相关活动是如何发生的，发生的频率有多高，重要的是要认识到，认为兴趣来自简单地把活动放在孩子面前是一个谬论。兴趣发展的协同调节模型表明，类似于 Renninger 和 Hidi（2011）的兴趣发展的四阶段模型，兴趣更有可能在有父母外部支持的环境中发展。这不能简单地说，让孩子参与科学，并期待他们会始终如一地在主观上重视科学。

如果把科学放在孩子面前还不足以激发兴趣，那么我们有什么方法可以促进兴趣的激发呢？Krapp 和 Prenzel（2011）以及 Maltese 和 Tai（2010）提出，教学质量可能会对兴趣发展产生影响，尤其是对女孩而言。我们的研究结果表明，儿童的兴趣并不是在孤立的情况下发展的，而很可能是由有能力回答领域相关问题的父母支持的。在 Johnson 等（2004）的研究中，我们注意到 69% 的在 4 岁时表现出一种特殊兴趣（概念性兴趣；恐龙、火车）的儿童，都有一个拥有相同或相关的兴趣的家人（例如，一个父亲对收集棒球卡感兴趣，与一个热衷于收集 Pok'emon 卡的孩子住在一起；一个对恐龙感兴趣的孩子和一个母亲住在一起，母亲不情愿地承认，她小时候一直对恐龙感兴趣，但从来没有直接告诉过儿子）。

孩子们还需要时间参与他们喜欢的、有能力做的与科学相关的活动，在这些活动中，他们会经历像心动一样的情感反应（Prenzel，1992）。我们对这一系列数据的初步探索（Johnson 等，2004）表明，当孩子居住在自由玩耍时间充足且注重交流的家中时，概念兴趣更有可能发展起来。换句话说，自由玩耍的机会需要伴随着家庭讨论和思想交流，这样才能使这种兴趣蓬勃发展。

我们的纵向数据也表明，在预测与科学相关的兴趣方面，有些变量并不重要。个人差异变量,例如出生顺序、兄弟姐妹的数量以及在外照顾动物的时间,会影响发展对科学的兴趣的可能性,虽然这似乎是可信的,但我们的数据显示却截然相反。出生顺序并不是科学兴趣发展的重要预测因素。独生子女,或者只有一个兄弟姐妹的孩子,并不会表现出更高的科学兴趣。最后,在外照顾小动物的时间与培养科学相关兴趣的可能性无关(无论是积极的还是消极的)。这表明,父母不必为了支持孩子对科学日益增长的兴趣而每时每刻都陪伴孩子。当机会出现时,他们才确实需要做出反应。

据报道,儿童在童年早期和中期对科学兴趣的下降有些令人担忧。家长报告称,男孩对科学的兴趣在学龄前到小学早期显著下降,而女孩的兴趣则保持相对较低且稳定。虽然目前还不清楚为什么男孩的兴趣会下降,但在我们的电话联系中,父母经常提到,在一年级开始后,他们的孩子参与到与自己兴趣相关的游戏活动中的自由时间大大减少。许多家长还称,孩子们对同龄人的特殊兴趣变得更加敏感,并且尤其倾向于将自己的兴趣与同性、同龄人喜欢的活动联系起来。显然,未来的研究需要更好地了解学校和同伴对孩子表达的兴趣和喜欢的与科学相关的游戏活动的影响。

总而言之,我们的数据仅部分支持假设的协同调节模式。我们的结果确实反映了其他研究人员的发现(例如,Palmquist 和 Crowley,2007),证实父母是敏感的,并愿意支持他们发现的孩子的兴趣。事实上,许多父母在我们的电话联系中报告说,一旦亲戚和朋友知道了孩子的兴趣,他们就会在孩子生日和节日时作为礼物送给孩子额外的与科学相关的玩具和书籍。这种模式对女孩的优势是令人感到鼓舞的。这表明,父母们意识到了普遍存在的关于女性和科学的文化成见,而这些中产阶级的父母,至少通过支持女儿们正在萌芽的科学兴趣,积极地反对这种成见。

从更大的角度来看,男孩和女孩在科学相关兴趣的整体比例上的性别差异的根源尚不清楚。不同的研究人员认为,这是由于社会化和生物学决定的差异。Lytton 和 Romney (1991)鉴于父母对男孩和女孩的社会化进行了元分析,报告称,与性别社会化差异相关的大多数影响都很小或不显著。然而,就父母在游戏活动和家务劳动中鼓励性别刻板印象的程度而言,男孩和女孩的家庭环境存在显著差异。然而,父母不太可能故意限制女孩学习科学的机会,尤其是因为女孩对男性类型活动的兴趣相对较少(Fagot 和 Hagen,1991;Jacklin、Pietro 和 Maccoby,1984)。性别类型的玩具偏好可能导致了一些差异,男孩喜欢恐龙模型、望远镜和收集虫子的套件等物体,这些通常是男性类型的物品。

女孩对此类物品的性别分类敏感,可能会导致她们认为此类物品是个人不受欢迎的(Moller 和 Serbin,1996)。

　　早期基于性别的科学兴趣差异的其他含义可以从 Crowley、Shaffer 及其同事的作品中得到。Crowley 和 Jacobs(2002)认为,父母对学习的早期支持创造了一个专业知识的孤岛,随着时间的推移,它会帮助孩子建立新的知识。随着孩子兴趣和知识的增长,这个专业知识的孤岛也会扩大。Shaffer(2006)提出,以有意义的方式参与某一领域有助于孩子认识到"学习很重要,在学习复杂、有技术含量和专业的东西时就会做得很好"。还指出,在一个领域中广泛而有意义的经验可能会导致学习者在"知识文化"或"框架"中有所转变,因为他(她)开始把自己视为一个重视该社区的思维方式的群体的成员。在 Shaffer 框架的基础上,我们提出,表现出早期科学兴趣的儿童,随后得到父母的支持,可能开始形成一种认同,即以科学家的方式看待事物的人。这种"框架的转变"可能对鼓励年轻女孩继续参与该领域尤为重要。我们的设计有一个明显的局限性,那就是我们依赖于父母对孩子兴趣的报告。我们选择不直接询问孩子的游戏兴趣,因为我们担心他们无法在童年早期提供有效的回答,也无法定期通过电话询问。我们认为,随着儿童对时间概念的理解在整个研究期间不断发展,他们将很难评估自己的兴趣随着时间的推移保持稳定的程度。此外,我们认为,询问幼儿以收集足够的数据来测试我们的模型的难度是令人望而却步的。然而,父母对孩子兴趣的报告容易被他们自己的想法和期望过滤(Martin,1999),可能无意间(或有意)扭曲他们对孩子兴趣的描述。虽然我们目前的数据不能完全缓解这些担忧,但依赖父母报告和关于兴趣的自我报告是常见的,而且往往是回溯来的(DeLoache、Simcock 和 Macari,2007;Ericsson 和 Crutcher,1990)。我们的数据是基于一个短时间框架(每次报告的最后几周),随着时间的推移不断重复报告,我们的问题没有专门框架来检查游戏兴趣的性别差异,也没有明确地聚焦于科学。

结论和启示

　　虽然在科学兴趣和科学学习机会之间建立明确的因果关系受到研究本质上的相关性以及在某种程度上我们对科学相关机会提出的问题的限制,我们的研究结果表明,父母对儿童的科学兴趣反应敏感,在学龄前和儿童中期有意创造探索和学习科学概念的环境。随着时间的推移,这些机会可能被证明是儿童持续表达科学兴趣的关键。据假设,随着时间的推移,持续的兴趣更有可能在基本知识、思想、词汇和"知识框架"的发展中达到顶峰,这些知识框架后来可以支持从科学文本中学习并提高科学成就。因此,在未来几年里,父母将在培养和塑造孩子对科学的兴趣方面发挥关键作用。注意到孩子对科学的兴趣,尤其是女孩在 4 岁左右的时候,似乎是至关重要的第一步。

此外,我们的研究结果表明,一种关键的资源可以用来增加孩子对科学、技术、工程和数学学科的参与。我们可以帮助家长(以及幼儿教育工作者)认识到孩子对科学日益增长的兴趣,然后帮助他们去支持这种兴趣。在回答孩子的科学相关问题时,为了帮助家长和老师,这种支持可能需要以多种方式提供。虽然维基百科(2001 年推出)在这项研究期间并没有得到很好的发展,但现在有广泛的互联网资源供愿意访问它们的人使用。这可能会开创新的科学支持机会。该领域也可能考虑如何支持没有持续互联网接入的家庭,以回答这些"即时"的好奇心问题,可能导致学习机会和激发额外的好奇心以及学习科学的动力。可以提供干预措施来帮助家长和老师预测和识别幼儿的行为(例如,长时间的注意力,始终如一地选择书籍和玩具),并通过提供进一步参与的机会来激励他们做出反应措施。还有一个问题——父母对女儿提出的与科学相关的问题是否像对儿子提出的问题一样敏感? 这个问题的答案需要一种不同于我们目前所能获得的分析水平——一种更具对话性的分析——但这还是我们一个重要的追求。

[译自乔伊斯·亚历山大、凯西·约翰逊、肯·凯利,2012 年 6 月 28 日在线发表于威利在线图书馆(Wiley Online Library.com)]

第四章

大学生志愿服务及现状

第一节　志愿服务及其研究现状

一、志愿服务及志愿服务精神

志愿服务不是舶来品,在我国传统文化中,儒、墨、道、佛思想所蕴含的"仁爱、互助、奉献、慈善"的思想,为志愿服务的发展奠定了深厚的基础。儒佛道或儒释道思想构成了中国传统思想的主流,更重要的是,儒学还奠定了中国的慈善传统。而从爱和善的角度看,墨家提倡的"兼爱""非攻"思想所体现的博爱精神一直影响着中国人,虽不占主流但一别主流之"爱有差等",实令人耳目一新,且其博爱倾向逐渐取代了不平等的爱而成为今人之共识。

志愿者活动在本质上是一种慈善活动,是"真""善""美"的具体体现,根本上是中国的传统文化和传统精神,是传统文化在当代的另一种表现形式,并赋予了时代意义,具有传统性。

志愿精神由国外传入,所以具有很强烈的外来文化色彩,受外来文化影响很大。而中国文化能够接受这种文化并在短时间内迅速发展,体现了当代中国文化的开放性,接纳一切好的文化。志愿服务事业成长过程中的许多事件可以证明志愿服务是在"学雷锋"活动的基础上发展起来的。就拿青年志愿者系统来说,青年志愿者行动开展的早期就是在"学雷锋"的号召下进行的。1994年

2月4日,共青团中央发出了《关于"青年志愿者学雷锋奉献日"活动的安排意见》,全国兴起了"青年志愿者学雷锋做奉献"的热潮。1995年3月1日,中共中央宣传部、国务院办公厅、共青团中央在北京召开了"弘扬雷锋精神,广泛开展志愿者行动"座谈会。2000年,团中央又将每年的"学雷锋日"——每年的3月5日定为"中国青年志愿者日"。所以,我们说志愿服务是中国传统理念的延伸。

2003年4月至6月突如其来的"非典"疫情暴发,在党和政府的指导下,各级共青团和青年志愿者组织动员了1 200多万人次的青年志愿者开展为一线医护人员捐赠爱心包、热线咨询、助耕帮困等志愿服务,为夺取抗击"非典"胜利作出了突出贡献。2008年是中国志愿服务事业发展史册上具有里程碑式意义的一年,两个重要事件期间,志愿者们井喷式地从各地涌现、聚集,拉开了志愿服务全民参与的序幕:一是汶川地震的发生,各种志愿组织以及志愿者纷纷参与紧急救援,据不完全统计,深入灾区的海内外志愿者有300多万人,在后方参与抗震救灾的志愿者更是多达1 000万;二是奥运会的举办,在举世瞩目的北京奥运会、残奥会期间,10万赛会志愿者、40万城市志愿者以及100万社会志愿者为奥运会提供了热情周到的服务。以上两大社会事件是我们对志愿服务精神的生动诠释,赢得了国际国内广泛赞誉,由此2008年被社会各界称之为"中国志愿服务元年"。

同时期,《关于深入开展志愿服务活动的意见》指出要深入开展多种形式的志愿服务活动,搭建关爱他人、奉献社会平台;《关于加强志愿助残工作的实施意见》指出要实现参与志愿服务和接受志愿服务的便利化,使志愿助残成为社会各界参与社会发展的一种动员方式;《中共中央办公厅关于深入开展学雷锋活动的意见》《关于加强减灾救灾志愿服务的指导意见》和《志愿服务记录办法》等,分别对学雷锋志愿服务活动、参与减灾救灾服务和志愿服务记录提出了针对性建议;《关于推进志愿服务制度化的意见》要求建立完善志愿服务长效工作机制和活动运行机制,推进志愿服务制度化。

中国志愿精神和志愿活动可以追溯到改革开放以前,从20世纪60年代中期开始,出于社会主义国家对于世界上其他第三世界国家的国际主义义务,中国曾经对亚洲、非洲的许多发展中国家进行大量的国际援助,内容包括军事、经济等。伴随着这些援助活动,中国政府曾经派遣大量的志愿人员到国外参与相应的项目。这里需要提及一个重要组织——联合国志愿人员组织。"联合国志愿人员组织"是1970年经联合国大会通过正式组建的全球志愿者组织。它在各国的工作,都致力于解决当地的实际问题。其宗旨是根据发展中国家的实际需求和面临的困难,向发展中国家提供积极有效的援助,以支持全球人类的可持续发展。联合国志愿人员组织从属于联合国开发计划署(UNDP),专门从事和管理与国际志愿者事业相关的各类事务,是联合国系统内最大的、直接向发展中国家输送各类高、中级专业技术志愿人员的组织。

我国政府十分重视同联合国志愿人员组织的合作。早在 1981 年,即与联合国志愿人员组织代表在北京签约,互派联合国志愿人员,并开始了长期的联合国志愿人员项目的合作。商务部(原外经贸部)中国国际经济技术交流中心作为联合国开发计划署在华发展业务的官方合作机构,负责联合国志愿人员组织在华项目的执行;北京国际志愿人员协会作为该项目的实施机构,负责项目的具体实施工作。迄今为止,联合国志愿人员组织向我国派遣了 210 余名联合国国际志愿人员。他们有的来自美国、英国、法国、意大利、日本和加拿大等发达国家,也有来自菲律宾、缅甸、毛里求斯等发展中国家。这些志愿人员在广泛的技术领域内,为中国的经济和社会发展作出了重大的贡献,特别是在改革开放初期,为提高我国外语教学水平发挥了重要的作用,为满足我国对外开放的需要培养了大批外语、科技和管理人才。

在我国改革开放初期,联合国志愿人员组织的援华重点主要集中在英语教学上。随着改革开放的进一步深化、社会和经济发展水平的不断提高,联合国志愿人员组织逐渐将援助重点转移到促进能力建设和机构建设,推动人类可持续发展的相关领域。与此同时,把志愿服务的理念在中国推广开来。中国在 20 世纪 80 年代后期开始出现自己的志愿活动和志愿者。改革开放以后,中国最早的志愿者产生在社区服务的层次上,并逐步建立了社区志愿者组织。90 年代初期,另外一支志愿者队伍在共青团系统中形成,并产生了他们的全国性志愿者组织。

目前,在中国最为活跃、规模最大、影响最大的有两支志愿者队伍,他们都有自己的组织体系,都与一定的政府组织联系在一起。真正让志愿服务得到社会认可和关注的,当推中国青年志愿者协会一系列志愿活动的开展,从铁路职工的志愿服务开始,蔓延到社会中,在社会上成为覆盖所有阶层和地区的全国性活动。各种志愿者组织如雨后春笋般地成长,搭起了中国志愿服务的框架。这个时期,中国的民间组织也积极动员志愿者参与公共事务,如环境保护和社区服务,自然之友和地球村是比较有影响力的民间志愿组织。

二、大学生志愿服务研究现状

以"大学生志愿服务"为关键词,在河海大学图书馆的图书检索系统上进行检索,有 198 条结果,总被引 230 次,可以发现,近 10 年来我国在大学生志愿服务方面的著作较为丰富。自党的十八大之后,大学生志愿服务相关方面的研究成果呈现出快速增长的趋势。主要著作有:陆士桢主编的《中国志愿服务大辞典》(2014 年),张红霞著由中国社会科学出版社出版的《文化多样化背景下大学生志愿服务育人功能研究》(2020 年),丁帅著的《大学生志愿服务中价值观培育研究》(2020 年),王为正、刘佳主编的《大学生志愿服务长效机制建设研究》(2015 年),郑朝静著的《大学生志愿精神培育》(2013 年),陈秋明著的由商务印书馆出版的《大学生志愿服务理论与实践》(2018 年),张兴博、朱剑松主编的《大学生志愿服务理论与实践知识读本》(2014 年),魏娜教授等专家编译的《志愿者》(2012 年)等。北京大学志愿服务与福利研究中心主办的《志愿服务论坛》则是专门致力于研究志愿服务的期刊,在《中国青年研究》《青年研究》等著名期刊以及有关学报上也开辟了专栏来探讨志愿行动开展和志愿精神培育的问题。

检索了 2013—2022 年中国知网,以"大学生志愿行动"作为主题词进行检索,有 406 篇相关文章;以"大学生志愿精神"作为主题词进行检索,有 817 篇相关文章。这两次检索,有不少检索结果是重复的。以"志愿服务"为题名,在硕博士论文系统中检索,发现 2021 年有 110 篇相关研究,2017—2020 年保持在 70~90 篇,2011—2016 年保持在 50 篇左右,2008—2010 年保持在 10~20 篇。在笔者所查阅的以上研究资料中,可以大致总结出我国目前在大学生志愿精神方面的研究情况。在一定程度上,可以发现,国内学者对于大学生志愿服务的相关研究成果比较丰富,特别是在 2008 年之后,出现了较大幅度的增长。

其一,青年志愿者服务的概况研究。随着志愿服务活动的开展,各级共青团组织联合社会学研究专家对青年志愿者服务活动进行研究,探讨青年志愿者服务的由来、现状和发展,如中国青少年研究中心、团中央青年志愿者行动指导中心课题组撰写的《中国青年志愿者行动研究报告》(2001 年),戴彩虹主编的《新时期大学生志愿服务研究》(2019 年),董强、翟雁编著的《中国民间志愿服务实践与国际和地区经验》(2011 年),都对我国青年志愿者服务活动做了概论式的研究描述,展示了青年尤其是大学生志愿行动的总体情况,从中概括出政策启示。

其二,大学生志愿行动的案例实证研究。这类研究主要是对大学生志愿行动进行详细的个案探讨,分析志愿者的行为选择背景、动机,以及在志愿行动中的感受体会,总结出大学生志愿行动的特征和存在的问题,如左向蕾编写的《点亮心灯 筑梦前行——广西大学大学生志愿服务实践与探索》(2017 年),深圳市志愿服务基金会、深圳国际公益学院编写的《深圳志愿服务发展报告(2020)》。

其三,介绍大学生志愿行动的基本知识。这类研究主要介绍志愿者的注册管理、志愿者管理条例、志愿者的技能培训等与志愿行动有关的知识,并对这些知识进行点评。如陆士桢主编的《中国志愿服务大辞典》(2014 年),张兴博、朱剑松主编的《大学生志愿服务理论与实践知识读本》(2014 年),光明日报出版社出版的《大学生志愿服务指导教程》(2014 年)等。

其四,大学生志愿行动立法研究。这是关于志愿行动研究的较新的关注点。在几次重大事件中,来自中国的志愿者和来自其他国家的志愿者在志愿服务行动中表现出来的诸多差异,说明了中国志愿行动仍然存在着体制上的障碍,仍然缺乏必要的社会支持系统,最直接缺失的就是统一的立法,因此学者们呼吁要对志愿行动进行法律援助。如莫于川主编的《中国志愿服务立法的新探索》(2009 年),陈建民主编的《志愿者:法律援助在路上》(2011 年)。

第二节　大学生志愿服务意义及其发展

大学生志愿服务对于高校、社会、公共管理部门、大学生自身等方面都具有十分重要的意义,具体而言,体现在以下几个方面。

一、大学生志愿服务的重要意义

1. 大学生志愿服务是高校服务地方经济发展、立德树人的内在需要。这一内在要求,就需要高校积极组织开展大学生志愿服务活动:一方面,可以提高实践育人能力,培养高素质大学生;另一方面,可以服务地方经济发展,特别是中低收入家庭,通过教育扶贫、支教,加强少儿科普教育。当然,高校在组织引导青年大学生投身志愿服务工作方面具有天然的组织优势和人才优势。在我国,高校共青团组织围绕共青团所担负的引导青年、服务青年等任务积极开展工作,组织和发动广大高校青年积极参与到志愿服务中来,高校志愿服务成为校园文化建设新的生长点,为校园文化的发展注入新的生机与活力,为当代大学生正确世界观、人生观和价值观的形成发挥了重要的作用。

高校培养的创新型人才应具有强烈的创新意识和扎实广泛的基础科学知识、勤于思考和动手的实践精神。我国高校普遍重视理论教学,而实践教学环节薄弱。大学生往往重视理论知识学习,长此以往,动手能力不足,实践精神弱化的问题突出。高校参与地方科普教育工作,为大学生提供理论结合实际的平台,能够促进大学生学术和科研水平的提高,激发大学生成为创新型人才的潜能。高校通过科普志愿者实地调研和教学,掌握第一手资料,提高高校参与基础教育研究的积极性,促进高校学术和科研水平的提高。

高校共青团是党联系青年、凝聚青年和服务青年的桥梁与纽带,以共青团为枢纽,高校党团和学生自治组织在开展青年志愿服务工作方面具有强大的组织、动员和整合能力。高校有着相对完善的校内志愿服务体系,校团委、学生会、志愿服务社团等组织体系和工作机制健全,志愿者招募和培训的专业化程度高,大学生获取志愿服务信息更为便利,高素质志愿服务队伍打造和高水平志愿服务项目品牌运作具有更为广阔的空间。在新的社会发展时期,党的领导和共青团的引领,必将为新时期高校青年志愿服务事业的发展,提供更为强大的支持和保证。青年大学生是中国特色志愿服务事业的重要生力军。

2. 大学生志愿服务是社会的需要,是科普事业发展的需要。党的十九大报告指出,我国社会主要矛盾已经转化为人民日益增长的美好生活需要和不平衡不充分的发展之间的矛盾。人民群众在解决温饱问题和进入小康社会以后,不仅对物质文化生活提出了更高要求,而且在民主、法治、公平、正义、安全、环境等方面的要求日益增长,但社会发展不平衡不充分的问题成为满足人民日益增长的美好生活需要的主要制约因素。随着科学技术的迅猛发展,人民群众对科普的需求也在日益增长,但科普事业发展不平衡不充分的问题非常突出。

提升公民科学素质和实现中华民族伟大复兴的中国梦,要求公民具有较高的科学素质,这也是实施创新驱动发展战略的基础,更是持续提高国家综合国力的必要条件。根据《全民科学素质行动计划纲要实施方案(2016—2020 年)》要求,到 2020 年,我国公民具备科学素质的比例要超过 10%。然而,当前,我国科普事业发展不平衡、不充分,与发达国家还存在较大差距。习近平总书记在 2016 年全国"科技三会"上发表重要讲话时指出,科技创新、科学普及是实现创新发展战略的两翼，要把科学普及放在与科技创新同等的位置。没有全民科学素质普遍提高，就难以建立起宏大的高素质创新大军，难以实现科技成果快速转化。此次讲话明确了新时期科普工作的重要地位，以及科普工作推动我国科技创新、实现中华民族伟大复兴的重大意义。

科普工作是提升公民科学素质的有效手段。大学生掌握基本科学知识，具有一定科学传播能力，有参加科普志愿服务的时间和精力，是开展全民科普志愿活动的生力军和科普事业发展的后备军，必须建设一支符合新时代要求的大学生科普志愿者队伍。

经过 26 年的发展，中国青年志愿者行动紧紧围绕党和国家工作大局，主动适应时代发展和青年变化，深入开展以扶贫济困、西部开发、大型赛会、应急救援、对外援助等为主要内容的志愿服务工作，推进青年志愿服务的组织建设、队伍建设、项目建设、文化建设、平台建设和制度建设，着力提升青年志愿者行动的核心竞争力，已经成为决胜全面建成小康社会、实现中华民族伟大复兴中国梦的积极力量。进入新时代，党和国家更加重视青年人才的培养和青年志愿服务的发展。2017 年 4 月，中共中央、国务院印发《中长期青年发展规划（2016—2025 年）》，明确提出全面推行青年志愿者实名注册制度，到 2025 年实现实名注册的青年志愿者总数突破 1 亿人。在此背景下，我国高校青年志愿服务迎来了新的发展机遇，伴随高校志愿服务工作的创新发展，大学生志愿者必将在助力国家经济社会事业发展、加强社会主义精神文明建设、创新社会治理体系方面发挥越来越大的作用，在服务人民、报效祖国、复兴民族的时代征程中实现自身的全面发展。所谓青年发展，是指青年在生理、心理、社会与文化等方面所表现出来的演进过程、现状和特征，主要包括公民素养、身心健康、教育学习、就业创业、社会参与、维权及犯罪预防等方面。

人的全面发展是马克思主义青年观的重要内容，2018 年 5 月 2 日，习近平总书记在北京大学师生座谈会上的讲话中明确指出，我们的教育要培养德智体美劳全面发展的社会主义建设者和接班人。青年全面发展，不仅体现在知识学习上，更体现在奉献社会、服务他人、报效国家、坚守信仰的理想信念上，体现在自觉践行社会主义核心价值观的文化自觉和文化自信上。通过参与志愿服务活动，青年志愿者在为社会做出贡献的同时，肯定自我价值、奉献能力、增强自信、认识社会、体察民情、汲取正能量，加深了对党的路线、方针、政策的理解，磨炼自己与社会需求相适应的意志品格、完善自己的心理定位，塑造人生正确的价值观，这是新时代对当代青年学子的时代要求。正确且与时代同步的价值观念是青年全面发展的重要组成部分,但是,人的先进价值观念并非与生俱来,而是在参与社会和道德实践活动的过程中逐步形成和发展起来的。

3. 大学生开展科普志愿活动对于自身具有非常重要的意义。首先,它是大学生社会化的重要途径,深入社会、认识社会、适应社会,从象牙塔里的、真空里、温室里的人,成长为社会中的合格一员;其次,它也是提高思想境界和奉献精神的过程,高校大学生参与志愿服务活动的过程,既是付出的过程,也是收获的过程,青年志愿者在为社会和他人付出智慧、精力和劳动的同时,锤炼了高尚的思想和品德,帮助自身提升了精神境界,心灵追求得到了升华,找到了人生的真正价值和意义;再次,它提升了大学生组织能力、交流能力、动手操作能力及综合素质。志愿服务有助于青年学生完善知识技能,在开展科普志愿服务活动的过程中,参加相应的知识技能培训,提高了动手操作能力;最后,它提高了专业综合素养,志愿服务是青年学生学习知识、应用知识,理论结合实际,用学校所学服务社会,通过服务社会提升专业技能的重要渠道和有效方式。

4. 有助于提高大学生专业综合素养。中国特色社会主义进入新时代,中国志愿服务事业也进入了新时代,新时代的志愿服务专业化发展趋势日益突出,需要志愿者掌握各种门类的专业知识和技能。专业的志愿服务需要专业的志愿者,在志愿服务实践中,志愿服务组织通常根据志愿服务的具体内容对志愿者进行有针对性的培训,大学生志愿者可以从各类培训中接受不同内容的专业知识技能,有利于不断完善和充实志愿者的知识储备,丰富其生活阅历和经验。另外,志愿服务也为志愿者提供了理论知识的实践场所,志愿服务活动大大提高了志愿者的专业技能和实践水平。

大学生科普志愿者到乡镇、街道、社区、厂矿、中小学等开展科普活动,一方面可以了解社会、认识国情、增长才干、增进与工农群众的感情、增强社会责任感;另一方面可以进一步提升理论联系实际和组织协调的能力。

通过参与志愿服务活动,青年学生在帮助他人、奉献社会的过程中,可以更好地促进自身专业知识与实践运用的有机结合,激发志愿者进一步学习新知识、应用新技能的兴趣和创新热情,促使志愿者提高自主学习和钻研技能的积极性和主动性。

5. 有助于大学生更好实现社会化。志愿服务有助于青年学生提高社会化水平。了解社会、走进社会、参与社会,乃至改造社会,是个体社会化的客观过程,也是青年成长成才的现实需要。志愿者在参与志愿服务的过程中,有机会接触在校园中无法接触到的社会事务和领域,扩大了交往范围,拓宽了学习视野,促进了志愿者与被服务对象之间的相互交往与相互进步,使志愿者自身综合能力得到锻炼和成长,为以后融入社会解决将面临的更多问题做好准备。

我国的大学生大都是从小学到大学"直线型"的成长模式,许多学子过度专注于书本学习,人生阅历简单,对社会的认知比较片面,"学校人"与"社会人"脱节的现象较为普遍。这种现状致使一些大学毕业生在走向社会之时往往抱着不切实际的期望,缺乏适应社会所需的技能、道德和素质等软硬实力,难以适应社会的要求。志愿服务活动则为当代大学生提供了一条深入接触社会、与社会提前进行"磨合"的重要途径。志愿者在志愿服务中与服务对象之间建立了双向的互动机制,使当代大学生在融入社会的过程中,能够正确认识社会、了解自身、准确定位,有效弥补了在校大学生人生阅历浅的短板。志愿服务还有助于青年学生提升幸福指数。

6. 有助于提高大学生思想和精神境界。志愿服务的过程,就是志愿者以主体身份,在社会实践领域参与德育、自我陶冶的过程。志愿者凭借自身的知识能力,发挥自身的聪明才智,把自身融入志愿服务活动的各个领域,关心和帮助弱势群体,维护服务对象的基本权益,在缓解贫困、促进就业、改善教育状况等方面发挥积极作用,自觉承担起为人民服务的社会责任。

在志愿服务的实践中,志愿者们也从奉献中获得了来自社会的认可和赞誉,自身与被服务对象之间获得互利双赢,在展现自身价值、获得自身成就的过程中,享受着志愿服务无私付出所带来的快乐。正如李亚平、于海在《第三域的兴起:西方志愿工作及志愿组织理论文选》中谈道:"志愿者付出额外的时间,并不期望经济回报,其植根于道德的义理之中,他们也获得了神圣的自我形象和人格,以及某种他自以为有能力改变的浪漫抱负。"这段话形象、精辟地告诉我们,志愿者通过提供志愿服务,既可以为他人、为社会带来帮助,同时也使自己获得了心灵上的快乐和道德上的满足。新时代、新志愿,需要具备新技能的青年志愿者。要做好新时代的志愿服务,青年志愿者就不能仅有满腔热情和情怀,更需要系统学习了解中外志愿服务的发展历史,准确领悟当代志愿服务的精神实质和文化意蕴,科学掌握现代志愿服务项目运行的知识和技能。

二、我国大学生志愿服务发展历程

1. 探索阶段(1949—1977 年)。1949 年中华人民共和国的成立意味着中国共产党领导人民群众进行的新民主主义革命的胜利,面对百业待兴的局面,人民群众热情饱满,同时也对新社会翘首以盼,在进行国民经济恢复和社会主义经济建设的同时,发挥群众的作用,引导人民群众正确参与新社会建设,建立统一的集体主义价值体系,树立社会主义新道德势在必行。因此,人民政府采取了以下措施:促成承担社会责任的服务队伍成立,树立"为人民服务""奉献社会"的先进典型,动员群众义务劳动等,这些措施具有一定的志愿性质,也是对我国志愿服务事业的探索。

2. 萌芽阶段(1978—1993年)。20世纪80年代的改革开放是我国社会主义建设历程中的关键决策,市场机制的引入和国有企业的体制改革打破了原有的以"单位"为中心的生活格局,从而"单位人"转变为"社区人",推动了城市社区街居制改革,由此,社区成为人们重要的生活场所,面对社区生活中的现实需求,社区服务也应运而生。此外,与改革开放前不同,经济、政治体制的改革使人们生活水平得以提升的同时,人们的精神生活也被西方的公民意识、自我管理等思想所影响,政府在计划经济时代的大包大揽及行政命令式管理已不能为当时的人民群众所接受。随着改革开放的步伐,"志愿服务"这一概念自西方传入中国,在社区服务需求的刺激下,我国的社会公益事业也由政府主导型义务运动向自下而上的志愿服务转型。

3. 迅猛发展阶段(1994—2007年)。自20世纪90年代起,社会主义市场经济体制建设的目标正式确立,社会的现代化进程不断加快,我国的青年志愿者行动也在社会主义市场经济体制的顶层设计之下蓬勃发展。

2001年是联合国组织命名的"国际志愿者年",推动开展志愿性服务已成为国际社会的共识。从这一意义上讲,中国志愿者行动已成为国际性志愿服务行动的一个组成部分。2003年6月10日,经党中央、国务院批准,共青团中央、教育部向中国212万大学毕业生推出"大学生志愿服务西部计划",招募5 000至6 000名志愿者,到西部十二个省区市的贫困县乡镇,从事公共服务,为期一至两年,服务领域涉及教育、卫生、农技、扶贫,以及青年中心建设和管理等。根据西部对人才的需求,为提高服务质量,团中央此次遴选的志愿者以本科毕业生为主,适当考虑西部急需的农业、林业、水利、师资、医学等专业的专科生。这个计划颁布后,在社会上引起强烈反响,毕业生们对志愿服务西部计划反响尤其强烈。到目前为止,已经有三批,数万名大学生加入志愿服务西部计划。2005年,由北京奥组委、北京市政府共同组织和领导的"迎奥运"志愿服务项目开始启动,他们采取多种方式积极引导社会公众深入公益机构、企业农村、街道社区等,广泛持久地开展志愿服务,重点开展环境保护、科学普及、社会公益等内容的志愿服务活动,实现参加志愿服务与迎接奥运的有机结合。大学毕业生志愿服务西部计划和"迎奥运"志愿服务项目标志着中国志愿服务发展进入一个新的阶段,相信它在未来会对中国的志愿服务产生巨大而深远的影响。

进入21世纪,北京奥运会周期的到来也给青年志愿者提供了广阔的参与平台,青年志愿者在奥运会等大型活动中发挥了重要的作用,成为我国志愿者的主力军。随着大型活动志愿服务的扩展,人们对志愿服务的认知越来越深入,志愿服务日趋正式化,志愿文化与志愿理念的形成是我国志愿服务事业成熟的标志。2007年,党的十七大提出加强社会建设,十八届三中全会提出推进国家治理体系和治理能力现代化,我国的现代化进程进入一个新的阶段,即以经济建设为重心的阶段进入到以社会建设为重心的阶段,简政放权的政府行政管理体制改革标志着"小政府,大社会"的趋势日益明显,在这样的背景之下,推动社会管理体制的现代化建设和公共服务体系的多元化社会参与成为社会建设的重点内容之一,而志愿服务作为公民组织化参与社会公共事务的一种有效形式正以一种新的发展趋势嵌入社会治理体系之中。

4. 创新发展阶段(2008—2012年)。2008年北京奥运会期间,共有4万支志愿队伍、10万名赛会志愿者、40万名城市志愿者参与服务,保障了北京奥运会的顺利进行。据《经验·价值·影响——2008北京奥运会、残奥会志愿者工作成果转化研究报告》的统计与分析,北京奥运会期间,各类志愿者累计服务时间超过2亿小时,按照北京市统计局公布的2008年北京市职工年平均工资标准,将北京奥运会各类志愿者的服务时间折合成工资为42.75亿元。国际奥委会、国际残疾人奥林匹克委员会在奥运会、残奥会闭幕式上首次举行了向志愿者代表献花的仪式,以表示对志愿者的敬意,联合国还特别授予北京志愿者协会"卓越志愿服务组织奖"。可见,2008年的北京奥运会是中国志愿服务发展史上的重要里程碑,为志愿服务的发展提供了前所未有的机遇。随着以奥运会为代表的大型活动的开展,以大型活动为重要平台的志愿服务项目不断被打造、宣传并推广。志愿者这一角色的社会认同度大幅度提升,志愿文化和志愿服务精神充分涌流。奥运会志愿服务成为推动中国现代志愿服务发展的又一引擎,使之进入了一个全面的创新发展阶段。

5. 新时代发展阶段(2013年—至今)。党和政府对新时代青年大学生寄予了厚望。党的十八大以来,习近平总书记多次给高校青年志愿服务团队回信,勉励青年志愿者们弘扬志愿服务精神,坚持与祖国同行、为人民奉献,以青春梦想、用实际行动为实现中国梦作贡献。2013年12月,正值"中国青年志愿者行动"实施 20 周年之际,习近平总书记给华中农业大学"本禹志愿服务队"回信,期望他们发挥志愿精神,"为实现中国梦作出新的更大贡献"。2014 年五四青年节来临之际,习近平总书记给河北保定学院西部支教毕业生群体代表回信,向青年朋友致以节日的问候,并勉励青年人深入基层、走进人民群众中去建功立业,鼓励青年要在实现中国梦的伟大实践中书写精彩人生。2014 年 7 月,第二届夏季青年奥林匹克运动会开幕前夕,习近平总书记给"南京青奥会志愿者"回信,对志愿者积极参与志愿服务的精神给予充分肯定,并对他们在青奥会上的工作提出殷切希望。

2017 年 8 月 15 日,习近平总书记给中国第三届"互联网+"大学生创新创业大赛"青年红色筑梦之旅"的大学生回信,勉励他们"扎根中国大地了解国情民情,在创新创业中增长智慧才干,在艰苦奋斗中锤炼意志品质,在亿万人民为实现中国梦而进行的伟大奋斗中实现人生价值,用青春书写无愧于时代、无愧于历史的华彩篇章"。一封封回信,体现了习近平总书记和党中央对青年志愿者的高度重视,也为广大大学生志愿者在新时代认清使命、勇于担当,积极投身"两个一百年"奋斗目标和中华民族伟大复兴中国梦的伟大征程增添了动力,指明了方向。

从 2018 年至今,中华人民共和国志愿服务进入迸发阶段,志愿服务成为众多党委政府部门的创新手段和方式。志愿服务形成了"党委领导、政府主导、社会参与"的新局面,中国志愿服务面临前所未有的发展机遇和良好的外部发展环境,提升志愿服务在实现"两个一百年"奋斗目标中发挥更大的作用是下一步志愿服务的创新方向。党的十九届四中全会《决定》中提及"推进新时代文明实践中心建设"和"健全志愿服务体系",同时期新冠疫情出现,居民志愿者萌芽,并向驻地社区自愿报到参与社区抗疫。即使受到疫情防控和区域性救援的条件限制,志愿者通过在线联合行动成为抗疫和救援志愿服务新常态,借助互联网跨区域、跨领域、跨部门和跨专业联合公益行动,志愿者集体参与社会治理创新与实践,共建韧性社区,推进了志愿服务制度化与区域化建设,促使志愿服务技术标准和行业发展起步。

在 2022 年北京冬奥会、冬残奥会总结表彰大会上,习近平总书记指出,广大志愿者用青春和奉献提供了暖心的服务,向世界展示了蓬勃向上的中国青年形象。习近平总书记强调,要在全社会广泛弘扬奉献、友爱、互助、进步的志愿精神,更好地发挥志愿服务的积极作用,促进社会文明进步。

志愿服务是现代社会文明进步的重要标志,是加强精神文明建设、培育和践行社会主义核心价值观的重要内容。从冬奥会的"小雪花",到疫情防控一线的"大白";从进博会的"小叶子",到防汛抗洪、抢险救灾的"红马甲"……广大志愿者把服务他人、服务社会与实现个人价值有机结合起来,用实际行动诠释志愿精神的内涵。志愿服务已经成为各个领域、各项工作中的亮丽风景,释放出暖心的正能量。

　　近年来,我国志愿服务事业快速发展,志愿服务组织不断涌现,志愿服务活动广泛开展,对推进精神文明建设、推动社会治理创新、维护社会和谐稳定发挥了重要作用。志愿服务事业的发展,离不开党和国家的重视和支持。党的十九届四中全会将"健全志愿服务体系"作为坚持以社会主义核心价值观引领文化建设制度的重要内容;"十四五"规划和 2035 年远景目标纲要提出"广泛开展志愿服务关爱行动";《关于支持和发展志愿服务组织的意见》《志愿服务条例》等陆续出台,进一步夯实了促进志愿服务事业发展的制度基础。

　　志愿服务扎根基层,分布广泛、触达直接、方式灵活,能够倾听不同诉求,整合利用社会资源,协调社会关系,畅通社会运行,成为不同群体的"黏合剂""连心桥",排解矛盾的"解压阀""缓冲器"。当前,我国已转向高质量发展阶段,这对志愿服务提出了更高要求。比如,关爱老龄人口,需要志愿者具有更多护理知识;守护绿水青山,需要志愿者具有更高的生态保护专业素养;服务乡村振兴,需要志愿者更好把握农业农村发展规律,等等。广泛弘扬奉献、友爱、互助、进步的志愿精神,持续提高服务的精准化、专业化水平,志愿服务才能不断适应经济分工越来越复杂、社会治理越来越精细的趋势,在经济社会发展中更好地发挥积极作用。

第三节　大学生科普志愿服务

一、大学生科普志愿服务活动的类型及存在的问题

　　当前大学生科普志愿服务活动的开展主要包括五种类型:1. 科技场馆类科普志愿服务活动。依托于科技场馆,通过招募大学生志愿者,开展固定的科普活动,这一类科普活动是当前主要的大学生科普志愿服务活动;2. 科协等组

织的科普活动,依托于科协等官方或者半官方的组织,开展的科普类活动,这种科普活动多是利用"科普日"、科技节、科普展示等方式,属于活动性的科普;3. 企业等组织开展的科普活动,依托于企业、非政府组织、社团等,开展的非官方的科普活动,比如依托于华硕、华为、比亚迪等大型企业,招募大学生志愿者,开展相关专业、行业领域的科普活动;4. 高校等机构组织开展的科普活动,依托于高等院校及相关科研机构等,组织大学生志愿者,开展科普进社区、"三下乡"等科普类志愿服务活动,笔者所研究和实践的,就是此类科普志愿服务活动。国内关于此类的科普活动,仍有待研究和实践,进一步完善科普体系。5. 其他类大学生科普志愿服务活动,包括大学生社团开展的以及大学生自发开展的,通过短视频、新媒体等平台开展的科普类活动。下面将作详细阐述。

第一,科技场馆类科普志愿服务活动。随着我国经济的快速发展,各地的科技场馆建设取得了显著的发展。通过招募大学生志愿者,利用多媒体技术、高科技实验装置等设施,进行科普相关演示和讲解,具有一定的优势。在这一类大学生科普志愿活动方面,有学者依托于武汉市科技场馆,以馆内的大学生科普志愿者为调查对象,然后在得到武汉科技馆工作人员的允许后,在线上和线下对志愿者进行了调查。再运用因子分析的方法,对问卷中的变量数据进行降维处理,得到七个可以影响志愿服务的因子,分别为:服务意愿因子、组织管理因子、背景影响因子、沟通能力因子、培训机制因子、保障与激励因子和服务能力因子。

通过方差分析的方法,研究了科普志愿服务与志愿者个人因素,例如性别、专业等因素之间的关系。最后,结合以上分析,提出了加强志愿者的服务意愿、加强志愿间的沟通交流、重视志愿者自身技能与志愿服务内容匹配、激励机制多样化等意见,以帮助提升科普志愿服务。

也有人依托于武汉科技场馆,对武汉各大高校的大学生群体进行了调查和研究,发现当下大学生科普志愿活动面临着四重困境:第一,志愿者参与的渠道太窄;第二,大学生自身条件的限制;第三,科技馆开展科普志愿服务活动面临着困难;第四,科技馆和科普志愿服务活动本身的保障问题。

对此,我们可以采取相应的应对策略:第一,丰富科普志愿者的招募渠道,开展形式多样的招募活动;第二,针对大学生志愿者群体采取特殊的管理策略;第三,加大馆校合作力度和创新激励机制。通过上述策略,真正促进大学生科普志愿者事业蓬勃发展,更上一个新的台阶。

也有人对山东省部分科普场馆的大学生科普志愿者做了研究,对大学生科普志愿者服务情况进行必要的跟踪、调查和系统的分析研究,了解目前科普场馆内大学生科普志愿者的服务现状。山东省大学生科普志愿者组织初具规模,以科技馆和博物馆为依托的大学生科普志愿者们本着"团结互助、奉献爱心"的精神,利用自己的空闲时间和剩余精力,为广大人民群众提供科普服务。大学生科普志愿者队伍和组织的存在,在一定程度上促进了山东省科普服务事业的发展。2016 年,向科普场馆内的 239 名大学生科普志愿者发放调查问卷,以调研了解山东省大学生科普志愿者开展科普服务的情况。

研究发现的问题主要有:招募信息不畅通导致参加志愿服务活动的学生少;大学生志愿者的综合素质与科普服务对志愿者的要求有差距;志愿者服务活动的场所数量少且单一;对志愿者的培训不细致、不全面甚至缺失;对大学生的评估和激励措施不健全;社会和政府缺乏强有力的支持和保障等。针对上述问题,提出的建议有:切实提高大学生科普志愿者的综合素质;拓宽服务平台,加大社会组织、社会媒体以及志愿者本人的宣传力度;出台相关的政策规定,保障志愿者的权益和安全;各高校乃至学院根据自身的特点,建立和完善校园内部的组织管理制度、严格招募制度、创新奖励激励制度等。

第二,科协等组织的科普活动,依托于科协等官方或者半官方的组织。这种科普活动多是利用"科普日"、科技节等方式,如全国科普日活动,大学生科普志愿者作为其中的主力,发挥了非常重要的作用。以笔者所在的河海大学为例,一方面组织大学生志愿者,参加科协举办的科普日主场展示活动,在其中,展出组织的科普志愿服务活动,与来自全省各地的科普项目或者组织同台竞技,交流科普心得体会;另一方面,也经常性参加街道、区县政府或科协举办的科普日活动,进入街道广场等地,开展科普宣传活动。在这些活动中,科普宣讲的主题多种多样,既包括节水、节电、日常生活中的科普小知识,也包括防诈骗、防中毒、防安全事故等,甚至是科技前沿问题,如人工智能、6G 通信、智能交通系统等。

这类科普活动的缺点有:每年在固定的时间举行;由于时空的限制,能够参加的科普服务对象人员有限,而且多数是成年人参加,特别是一些老年人;相对应的,大学生志愿服务者参加此类活动的人员也有限。在高校内,学校科协也会组织开展科普日相关科普志愿服务活动,组织大学生志愿者开展网上科普宣传、科普作品制作、科学前沿研究普及以及科普故事分享等比赛类项目。

第三,企业等组织开展的科普活动,依托于企业、非政府组织、社团等。自2009 年,华硕集团携手中国科协科普部启动"华硕大学生 IT 科普志愿者行动"

以来,取到了良好的效果,是一次提升全民科学素质的有益探索,为政府部门与企业合作、共同推进我国农村地区的科普工作提供了宝贵的实践经验。以华硕大学生科普志愿者行动为例,通过调查研究探索企业科普背景下大学生科普志愿服务存在的问题及其原因,为我国科普志愿服务事业的转型发展提供模式与路径参考。

"华硕大学生IT科普志愿者行动"的模式是为来自乡村的大学生们提供培训,将其培养成具备基本科普志愿服务技能的志愿者,利用其暑期返乡期间,开展各类科普志愿服务活动。相对其他志愿者而言,作为当地人的大学生,基于对家乡的了解,解决了志愿服务前帮扶对象、服务需求等信息搜索的难题。另外,每年大学生都要回家过暑假,由此也节省了交通、食宿等方面的成本。有熟人的介绍及良好的沟通,避免了语言不通的尴尬,也为活动场地借用、人员组织等活动安排提供了便利。如此可观的效果和规模,与其成本相比,整个活动可以说是花小钱办大事。

采取问卷调查和访谈相结合的方式,应用"问卷星"线上调查工具对422名华硕大学生科普志愿者开展了问卷调查,并选取部分参与问卷调查的志愿者骨干及项目组织管理者等相关人员进行了座谈或电话访谈,以了解志愿者活动的发展状况。

对部分骨干志愿者及负责人进行访谈,调研了解开展华硕大学生科普志愿者行动存在的问题及经验。虽然华硕大学生科普志愿者行动的兴起、发展及其取得的成绩,充分展现了该活动的优点,也是推动全民科学文化素养的有效途径,有力地推动了社会及科普事业的发展,但从本研究调查的结果来看,我们必须清醒地认识到华硕大学生科普志愿者行动尚存在一些亟待解决的问题,也是志愿服务的共性问题,即科普志愿服务活动缺乏政策法律保障、缺乏社会支持、激励评价机制不完善等。同时还有由于活动自身特点而形成的一些个性问题:如未形成稳定的组织管理机构,造成招募、培训、过程的指导管理、考核等工作不到位;活动项目的临时性,导致时间、金钱、人力物力等多方面的浪费;志愿者队伍的稳定性差,人员流失严重,未能形成志愿者品牌;大学生志愿者存在功利思想、对志愿精神内涵的理解不足、综合素质不均衡等。大学生志愿者、科普志愿服务、志愿组织存在的问题和面临的困难,充分反映了当下活动建设发展的艰巨性,这些问题制约着活动的健康、有序和可持续发展。

针对调查结果发现的问题,建议首先建立志愿者组织管理体系,进而形成管理的长效运行机制;其次,探索建立项目化运作下的"校门口+家门口"的志愿服务模式,促进大学生科普志愿服务常态化、就近就便开展;最后,倡导"企业+政府+大学+服务单位"四位一体形成合力,为大学生开展科普志愿服务营造良好氛围,保障大学生科普志愿者行动持续健康稳定发展。

第四,高等院校科研机构开展的科普志愿服务。高等院校、科研机构等组织开展的科普活动,相对于企业、科协组织、科技场馆等机构,高校在知识资源、人才资源等方面,拥有非常显著的优势。高等院校师生在专业知识方面,拥有不同系统的专业知识,也能够拥有较多可持续参加的志愿者队伍,大学生也有深入社会实践方面的需求。因此,高校能够以较低的成本,长期开展科普志愿服务。

在这一科普活动方面,河海大学理学院开展的长期的大学生科普小实验进社区志愿服务活动,可以说是最为典型的代表。依托于理学院物理实验中心等方面的师资和科研力量,组织大学生志愿者深入社区,深入偏远地区乡村,为中低收入家庭儿童,送去免费的科普教育,包括科学小实验的演示、科普主题讲座、科学小故事、科学家精神等方面。6年来,项目不断深入拓展,服务了更多的少年儿童和家庭,也锻炼培养出了一批批志愿者骨干队伍,受到了当地政府、学校、社区、家长等各方面的好评,也形成了河海大学"'启明星'科学小实验进社区"这一具有广泛影响力的志愿服务品牌项目。此项目既为地方的经济发展作出了贡献,也为中低家庭少年儿童接受科普教育做出了一份努力,更为大学生提高实践能力、组织交流能力等综合素质,做出了有益的探索。

第五,其他类型的大学生科普志愿服务。存在诸多灵活的其他大学生志愿服务活动,如大学生科普支教活动,大学生利用寒暑期,自由组队,深入社区和乡村,为少年儿童提供科普志愿服务。此外,随着新媒体的快速发展,短视频直播 APP 和即时社交工具的快速成长,大学生志愿者通过视频直播、在线课堂等形式开展的科普志愿服务活动也较为常见。

二、大学生科普志愿活动开展的对策

大学生参加科普志愿服务活动,不仅需要高校起到组织和推动作用,更需要政府部门、协会、科技场馆、企业和非政府组织等一起协同努力,共同从构建"大思政"的育人格局、从实践育人的角度,全面助力大学生参加科普志愿服务活动。这是一个协同合作的系统工程,应该予以加强。

作为党和政府机关,要高度重视大学生在科普,特别是少儿科普活动中的重要作用,在政策制定和统筹方面,予以一定的支持和照顾。政府部门和高校要以习近平新时代中国特色社会主义思想和党的十九大精神为指导,多渠道加强大学生科普志愿工作的宣传,提高人民群众对大学生科普志愿工作的认识。建立大学生科普志愿工作长效机制,形成"专业化组建—多层次培训—搭建实践平台—健全工作机制—职业化成长"的大学生科普人才培养"闭环"。

科协在协调大学生科普志愿服务方面,具有十分重要的推动作用。作为专业的科普机构,在大学生开展科普志愿服务活动中,可以提供更多的科普展示机会,如科普日的主场展示活动。在科普项目的申报以及科普资源基地的联系等方面,给予大学生科普志愿服务活动更多的支持。在一些大学生有志于参加科普志愿服务活动,但是苦于没有相关的资源和途径。一些科普志愿服务项目的可行性和水平提高方面,也需要科协给予一定的指导。基于此,科协项目和资源,如果更多地从网站、APP、小程序方面,面向大学生开放,大学生参与的质量和水平也会再上一个台阶。

科技场馆在大学生科普志愿服务活动中,可以起到硬件支持和指导作用。科技场馆为大学生提供科普志愿服务的岗位,为游客提供科普的讲解、科学小实验的演示等。更多地,可以培养一批批大学生科普志愿者骨干,让更多的大学生有机会接受系统的科普培训,从而能够深入广大的乡村、社区,为更多的中低收入家庭提供更多的接受科普教育的机会。

非政府组织和企业等机构,已逐步成为经济社会发展的主力,也逐步成为大学生参与科普志愿服务活动的主要推动力之一。诸如在上文中讨论到的华硕公司为大学生科普志愿者提供的机会和资源支持。此外,社会工作者中心、企业的公益基金会、慈善组织等,可以积极拓展与高校的合作,为大学生志愿者提供更多的机会。随着经济的快速发展,非政府组织的相关制度也更趋完善,也有更多的组织出现,在社会治理的现代化过程中,其作用也更加突出。

高校在大学生科普志愿服务活动中,无疑起着主要承担者的作用,关于这一点,在前文中,对高校在立德树人的本质定位的重要意义中有体现。此外,作为大学生的第一"保姆"、大学生管理者和教育者的高校辅导员,在大学生科普志愿服务活动中的作用十分特殊,下文将单独论述。

三、影响大学生志愿者参与的因素

近年来,高等教育中一个比较明显的趋势是越来越重视学生社区志愿服务,并将其作为大学的一个目标。这种趋势背后的原因之一是,许多人认为大学脱离了当地社区,缺乏对现实社会问题的关注,学校希望摆脱"象牙塔"的印象。另一个原因是,大多数学校认为他们的使命不只是培养可就业的毕业生,更重要的是培养全面发展的公民。许多研究人员已经表明社区志愿服务项目为学生提供了一个机会,给他们一个真实社会的场所来应用他们在课堂上学到的技能,从而拓宽他们的知识范围。因此,许多大学积极开展大学生社区志愿服务活动项目,旨在让尽可能多的学生在毕业前从事某种形式的社区服务,相信这将有助于提高他们的教育素养和社会意识。

那么,学生对于是否参加志愿服务,有哪些考量因素呢?因此,了解大学生志愿者的动机是很重要的,研究表明,当招募项目所宣扬的机会和所传达的诉求与潜在志愿者的潜在动机相匹配时,招募项目更可能有效。人们发现志愿活动的动机有以下需求:有用或高效的需求,对归属感的需求,帮助他人的意图,与社会互动的意图,地位的需要,使自己更具市场价值的需求以及对特定事业的强烈个人关注。

研究还发现,当人们或他们的家人直接受到某项事业的影响时,当他们被认识的人亲自邀请去做志愿者时,当他们知道他们认识的人正在为某项事业做志愿者时,人们更有可能去做志愿者。此外,还发现,想要直接与弱势群体合作的人与想要帮助事业但希望避免与客户、工作人员甚至在某些情况下与其他志愿者进行社交互动的人之间存在差异。

根据对参与志愿服务活动志愿者的访谈,可以发现,志愿者可以分为四类,或者说志愿者主要关心的有四个方面,每一个类别代表了一个基于不同偏好的部分,并且在规模上是可观的。具体四个细分群体或者说类别是:利己主义者(功利主义者)、热衷参与派、线上群体和有能力的群体。就需求而言,所有四个群体都最重视志愿活动的类型,其次是活动的地点(利己主义者除外,他们主要关心的是他们将做什么)。关于属性偏好水平,除线上群体外,所有群体都对休息时间有强烈偏好。

通过对以上各类的分析,可以发现,影响志愿者参加志愿服务活动的因素,主要包括:

第一,志愿服务活动的类型。从规模上来说,是属于国家级、省级、市级、校级、院级,一般而言,学生对于参加高级别的志愿服务更感兴趣,特别是大型活动,如进博会、世博会等;从志愿服务的对象来说,有科普志愿者、助老志愿服务、环保低碳绿色志愿服务、抗疫志愿服务等,在这些活动中,大学生参与的考量,基本出于个性喜好的选择,其他因素较少。

第二,志愿服务活动的地点。在这个方面,大学生志愿者的主要考虑是基于出行交通方面,如果志愿服务地点在学校附近,能够较快抵达,时间成本较少,学生更愿意参加。相反,如果志愿服务地点较远、较为偏僻,则学生参与的交通成本较高,也会有安全方面的考量,就会影响学生参与的积极性。

第三,志愿服务活动的时间。不同的大学生志愿者,因为专业学习的难度不同,专业特色不一样。对于志愿服务的时间,可能有细微的差别,比如,一些文科类、商科类专业的学生,参与志愿服务的时间相对更加灵活,但是,对于数学、物理、计算机等理科或者工科类学生而言,专业学习压力非常大。因此,大学生志愿者对于服务时间有着较为优先的考量,多数偏好在周末、节假日等休息时间。周一到周五,基本上很难开展志愿服务活动。

第四,志愿服务活动的激励措施。对于一些利己主义者,无论是出于保送研究生、找工作、出国留学等方面的需要,还是出于获得一些奖励、获得成就感等方面的需要,总之,是需要一定的激励措施的。这包括,部分学校实行的第二课堂成绩单制度,参加志愿服务获得第二课堂学分是必要的项目,且不能低于一定的学时,还包括,参加优秀志愿者评选、优秀志愿者组织评选等荣誉称号。

第五,志愿服务的文化氛围。在一个学院,一个年级,一个宿舍,如果能够形成良好的讨论志愿服务、参与志愿服务的文化氛围,有助于促进大学生参与志愿服务活动。因此,在学院和学校,要注重培养一种文化,让新生把志愿服务作为大学生活的一种方式。此外,志愿者的系统培训方面、志愿服务活动的组织水平等方面,也会影响大学生参与志愿服务的积极性。

第六,志愿服务的开展形式等方面。是否在线举办志愿服务活动,影响大学生参与的意愿。对线上开放志愿服务,是志愿服务中一个新的、即将到来的趋势。特别是在人工智能、虚拟现实技术快速发展的当下,线上志愿服务越来越成为一个重要的途径或者载体。最后,有能力的人参与率相对较高,通过一些营销方式,大学可能会显著增加他们的志愿服务强度。

综上,各种影响大学生参与志愿服务活动的因素分析,可以为大学或者学院开展志愿服务活动提供一定的借鉴。目标只是让更多学生做志愿者的大学,可能会把精力集中在顽固派和有能力的人身上,因为他们是最有可能产生志愿者的群体。另一方面,将自己的使命视为"个人发展"之一的学校可能希望把精力集中在接触那些可能不太感兴趣但可能更需要志愿者体验的学生上(例如利己主义者)。

希望面向多个领域的学校也能意识到，不同领域之间可能存在着不兼容性。这些不兼容大多发生在利他型的热衷参与派和其他三个更利己的细分群体之间。例如，利他主义的"帮助社会"呼吁可能对顽固派有效，但可能会让其他学生反感。与此同时，"简历建设"和"志愿活动没有你想的那么难"这样的功利主义信息可能会疏远顽固分子的感情，尽管这样的呼吁可能对线上、利己主义者和有能力的人很有帮助。或许，管理潜在溢出效应的最佳方法是尝试直接使用个别目标媒体（如电子邮件、直邮、电话）与顽固派沟通。

与任何管理的策略一样，大学管理者需要确定社区服务和志愿服务是否是他们机构的一个重要目标。如果志愿服务是大学的一个关键目标，那么适当的资源，包括时间和金钱，必须致力于发展和实施一个战略，从而增加志愿参与和强度。通过深入开展此类研究，希望有助于高校更高效地配置他们的资源。

延伸阅读：

大学生志愿服务偏好的分析研究

一些学校已经采取了一系列旨在提高学生志愿服务参与率的举措。然而研究表明，这些努力并没有成功产生预期的结果。研究结果显示，在高中生社区服务参与率持续增长的同时，大学生的社区服务参与率实际上呈下降趋势（Marks 和 Robb Jones，2004）。这种下降现象的一个可能解释是，大学生对社区的参与度越来越低，他们更多的时间用于推进自己的个人规划，对为他人提供服务的兴趣越来越低（Hustinx 等，2005；Marks 和 Robb Jones，2004）。如果大学希望扭转这一负向变化趋势，那么他们就必须找到方法将志愿服务机会与当今大学生的需求和兴趣更好地匹配起来。

研究目的

本研究的目的是探讨大学能做些什么来提高学生参与社区服务的比率。为了实现这一目标，本研究试图找到驱动学生志愿行为的各种潜在需求和偏好，然后利用这些数据确定学生志愿者的关键部分。这种方法不将学生视为一个同质群体，而是主张基于需求将其细分，再进行识别并分别制定具体的策略，目的是提高每个细分群体的社区服务参与率。这种基于细分群体的招募志愿者的方法不仅在之前对非学生群体，如退休人员（Callow，2004）和公司员工（Peterson，2004）的研究中提倡，在招募扫盲志愿者（Wymer，2003）的背景下也提倡。它基于这样一种基本信念,即如果目标是增加学生对社区服务项目的参与,那么一刀切的心态不太可能有效(Best,2005)。为了实现这一目标,提出了以下研究问题:

· 具有什么特质的社区服务或志愿服务最能驱动学生对不同社区服务机会的偏好?

· 不同属性级别的相对偏好是什么?比如,学生最喜欢什么类型的活动或社会背景?

· 有哪些基于偏好的细分群体存在,它们的性质是什么?

为了实现研究目的,解决研究问题,本研究首先将进行文献综述,然后阐述研究方法和最终结果,最后将讨论增加学生社区服务参与的影响。

文献综述

一、社区服务与志愿服务的好处

人们把大学生志愿服务的减少视为一个主要问题,因为社区服务与学生许多积极的发展有关,具体来说,包括学生解决问题的能力、认知发展、道德发展、社会责任的改善(Klink 和 Athaide,2004;Ewing 等,2002)、领导力、团队合作、公民意识、时间管理(Madsen,2004)、沟通技巧、文化理解(Klink 和 Athaide,2004;Madsen,2004)、学习成绩、批判性思维(Moser,2005;Klink 和 Athaide,2004)、职业市场化(Klink 和 Athaide,2004;Bussell 和 Forbes,2002;Ewing 等,2002)以及自信(Bussell 和 Forbes,2002)等。在私营部门可以进一步验证社区服务的价值,企业的志愿者项目增长迅速(Peterson;2004;McCarthy 和 Tucker,1999)。研究表明,之所以有如此多的公司投入时间和资源以发展和运营志愿项目,不仅仅是因为利他主义或潜在的公关效益,还因为企业认识到这些项目有助于他们的发展,吸引更有生产力的员工(Peterson,2004;McCarthy 和 Tucker,1999)。

二、增加学生社区服务和志愿服务的强制性方法

因为学校已经认识到社区服务给他们的学生提供的教育和发展的好处,许多学校已经把志愿服务的目标纳入他们的教育计划。为了实现这些目标,学校通常会采用强制或自愿的方法来增加学生志愿者的数量。两种主要的强制性方法是社区服务要求和服务性学习。

社区服务要求规定所有学生必须完成一定的社区服务小时数,并记录下来以达到毕业的要求。这样要求的好处是它保证了所有的毕业生都要进行某种类型的社区服务,因此从方法上来说,是帮助学校提高参与率最有效的措施。这一要求的问题在于,它可能会在核实和记录保存方面给学校带来巨大的行政负担。此外,一些研究人员发现,强迫志愿服务可能不会产生预期的长期结果(Yarwood,2005)。研究表明,如果不允许学生自由选择自己的志愿决定,可能会导致学生对自己的服务经历产生消极态度,导致他们将志愿服务的动机归因于外部因素,从而使他们在毕业后不太可能参与社区服务(Yarwood,2005;Marks 和 Robb Jones,2004)。

另一种强制性方法是服务性学习,将服务项目整合到教育课程中。在服务学习方法中,教师要求学生,作为一个分级的课程作业,完成一个社区服务项目。在这个项目中,他们被迫将在课堂上获得的知识和技能应用到现实世界的情况中。关于服务学习的文献表明,这些项目不仅使社区受益,帮助机构实现其社区服务的目标,而且还为参与的学生提供了有效的主动学习教育体验(McCarthy 和 Tucker,1999;Lamb 等,1998)。从行政的角度来看,服务学习作为一种增加学生参与社区服务比例的策略的唯一真正缺点是,它需要教师的合作才能实施,它需要教师的实质性承诺才能有效。学术自由的原则使得大学管理者很难强制教师将服务学习项目纳入他们的课程中。因此,依赖这类项目来提高志愿参与率,只有在大量教师认同服务学习,并愿意在课程中纳入服务学习项目的情况下才能奏效。不幸的是,有证据表明,许多教师不愿意这样做(McCarthy 和 Tucker,1999)。为了克服这种阻力,管理人员可能需要提供激励措施,如金钱、释放时间和晋升考虑,以帮助补偿教员设立、实施和监督有效的服务学习活动所需的额外时间。

三、增加学生社区服务的自愿方法

增加学生参与社区服务比例的志愿方法通常包括把大学作为志愿机会的信息中心。在这种方法下,大学通常会设立一个校内办公室,与社区的志愿者中心和非营利组织协调,以便为学生开发一个潜在的社区服务机会清单。办公室通常负责向他们的学生团体推广这些机会,协调这些活动,记录志愿活动的频率,并向行政部门和整个大学社区报告志愿活动的统计数据。这种外联方法在大多数校园都很流行,可以单独使用,也可以与强制性方法结合使用。志愿者拓展项目的缺点是,缺乏强迫学生做志愿者的能力(强制性项目可以做到），他们的成功完全取决于他们如何有效地向学生群体推销社区服务机会。为了有效地推广社区服务机会，学校必须深入了解学生志愿服务的原因。

四、志愿者招募策略

各文献的共识是，我们在制订招募志愿者的计划方面，应该首先确定志愿服务的具体动机，然后制定和实施旨在吸引大学生志愿服务偏好的具体策略，以吸引他们当中希望从事的、基于需求的特定群体（Callow，2004；Peterson，2004；Wymer，2003；Ewing 等，2002）。Peterson（2004）确定了企业志愿服务的一些不同动机，并提出了针对每一种动机设计的特定招募策略。他建议利用宣传有关志愿机会和社区需求的信息来吸引具有利他动机的志愿者，用组织志愿团队的策略来吸引那些具有社会关系动机的人，用促进公众认可项目来吸引那些有地位奖励动机的人，而宣扬社区服务是如何帮助推进一个人的职业生涯的，是吸引那些有实际回报动机的人的建议策略。我们需要进行更多的研究来确定基于偏好的潜在学生志愿者群体，以及社区服务属性的相对重要性。

研究方法

在过去的 30 年里，联合分析已经引起了市场研究界的注意。它是一个有价值的研究工具，为学术研究人员提供了一个强大的工具，了解哪些属性和关键绩效水平对消费者的购买决策至关重要（Green 和 Rao，1971）。采用联合分析的方法回答了以下研究问题：

- 对学生来说，什么是最重要的志愿者特质？
- 每个志愿服务属性的不同属性级别的偏好是什么？
- 存在哪些基于偏好的细分市场，其性质是什么？

本研究选择了自适应联合分析方法（ACA），因为它最适合此次研究的背景。ACA 是一种混合方法，使用自解释数据和两两选择（Orme，2005）。计算机程序使用自解释数据来构建一些相关的成对选择。这些选项是部分配置文件，这意味着一次只能显示产品或服务提供的两个或三个属性。用于分析 ACA 数据的统计技术（普通最小二乘回归法），比其他样本量有限的技术做得好得多。

一、联合分析和志愿服务:设计 ACA 研究

设计联合研究的第一步是确定相关属性及其相应的性能水平(Orme,2005)。属性定义为产品或 M S Garver 等人服务的给定零件或组件的整体类别。属性的性能级别是指,在给定属性中可以为学生提供的不同级别。例如,志愿活动是属性,而级别可能包括与特奥会、儿童或老人合作。为了确定本研究的适当属性,我们针对目标市场进行了焦点小组研究,与志愿学生组成焦点小组,学习以下内容:深入了解他们的志愿服务经历;志愿工作的主要原因和不志愿工作的原因。

为了招募焦点小组的参与者,开发了一份志愿者学生名单。邀请这些学生通过电子邮件参与。作为奖励,参加焦点小组的学生可以得到披萨和汽水。共有 8 名学生参加了一个焦点小组。其中一名研究人员主持这个焦点小组,使用采访指南来帮助管理小组,但讨论的结构松散,自由流动。在一些一般性的背景问题之后,学生们被问及关于他们选择志愿服务的原因,以及他们如何开始志愿服务的问题。其中探究性问题要求更详细地阐明回答。焦点小组的访问持续了 1.5 个小时。

二、联合分析:调查开发和数据收集

根据文献综述和焦点小组的结果,我们为每个属性选择了一系列的表现水平。利用 Sawtooth software 开发的联合分析软件,在本科生方便样本上开发并测试了联合调查。经过修改后,最终的调查结果发布在一个安全的、有密码保护的网站上,并在中西部一所大型公立大学的本科生中进行管理。抽样框是一个包含 1 000 名志愿者学生的数据库。数据库中的每个学生都有一定的大学志愿者经验,或者在大学的志愿者中心注册过。通过电子邮件邀请每个被抽到的学生参与调查,收集了 237 份回复,回复率为 23.7%。我们的数据分析结果将在下文中展示。

分析结果

整体的联合分析结果,显示不同属性级别的偏好得分以及整体属性重要性分数。然后,将从四个不同的学生细分样本来描述细分结果(偏好分数和属性重要性)。

一、整体联合分析结果

研究人员使用普通最小二乘回归法对联合数据进行分析,提供了属性级别的偏好得分和整体属性重要性得分。这种分析首先是对整个样本进行的。

偏好评分是"从零开始"的数字,这意味着"0"是平均偏好评分,正值评分显示出相对更多的偏好,而负的偏好分值显示的偏好比平均值要少。总之,正面偏好得分最大的是最受欢迎的,而负面得分最大的是最不受欢迎的。

查看表4-1中的整体结果,我们可以得出如下结论:

• 与学生的专业或主要兴趣领域相关的志愿活动有极高的偏好(28.72)。

• 替代休息(周末或一周的志愿者体验,而不是传统的春假)(10.67)和与儿童一起工作(13.98)也表现出相对强烈的学生偏好。

• 有限时间承诺也是强烈的首选,"没有时间承诺"表现出很强的偏好(23.74),其次是"周末的承诺"(14.14)。

• 和你现在的一群朋友一起做志愿者很容易成为最受欢迎的社交场合(21.64),一对一的社交场合表现出的偏好远远低于平均偏好(-21.41)。

• 通过开车去当地的活动来参加志愿活动的偏好最高(46.02),线上志愿活动(通过互联网进行志愿活动)的偏好略低于平均偏好(28.51)。

• 虽然获得职业福利比不获得福利更受青睐(-23.99),但不同类型的职业福利有相似的偏好分(5.36~10.24)。

表4-1 整体联合分析结果

属性	属性的性能水平	* 偏好分值
活动类型	特殊奥林匹克运动会	-19.54
	在流动厨房工作	-30.81
	帮助老人	-32.26
	选择另一种休息方式	10.67
	和孩子一起工作	13.98
	和你感兴趣的东西有关的志愿活动	29.24
	与你的专业和未来的事业相关的志愿活动	28.72

续表

属性	属性的性能水平	*偏好分值
时间承诺	一年之久的承诺	−30.81
	一学期的承诺	27.07
	周末的承诺	14.14
	无时间承诺,当你有时间时就参与	23.74
	和一群朋友一起做志愿者	21.64
	和一群新朋友一起做志愿者(你从未见过的人)	20.23
	在一对一的环境中做志愿者	−21.41
距离或志愿方式	驱车前往志愿地点(4小时车程)	−37.51
	开车到当地的志愿地点(20分钟内)	46.02
	通过互联网或电子邮件做志愿者	28.51
对未来就业的帮助	增加获得好工作的机会	10.24
	起薪提高2 000美元	5.36
	与职业相关的人际关系	8.39
	没有显著的职业福利,除了展示你是一个好员工	−23.99

注:*偏好分值是"以零为基础"的数字,即"0"为平均偏好分值,正偏好分值显示的偏好相对较多,负偏好分值显示的偏好低于平均值。

　　表4-2显示了志愿者经历的总体重要性得分。为了准确解读重要性得分,请注意以下两点:①得分越高的属性越重要;②重要性得分显示相对重要性,所有重要性得分之和为100分。通过表4-2,我们可以得出以下关于学生在选择志愿体验时属性重要性的结论:

　　•显然,志愿活动的类型是志愿决策中最重要的属性(27.53)。

　　•无论是通过自驾还是通过互联网线上访问,志愿者活动的接受是第二重要的属性(23.36)。

　　•时间承诺(17.29)和职业福利(17.21)的重要性非常接近,是第三和第四个最重要的属性。

　　•志愿活动的社会环境在这个决定中是最不重要的(14.61)属性,但仍然被认为是重要的。

表4-2　总体属性重要性

属性	*重要性分数
活动的类型	27.53
时间承诺	17.29

续表

属性	*重要性分数
社会环境	14.61
距离或访问	23.36
未来的职业的好处	17.21

注:*重要性分数的总和为100分,分数越高表示重要性越高。

二、聚类分析:具有相似偏好效用的部分

为了回答第三个研究问题(存在哪些基于偏好的细分市场?),使用 SPSS 内的 K-means 聚类分析来识别具有相似偏好得分的细分市场。为了完成这项任务,将不同的属性表现水平输入 K-means 聚类分析中。在对不同数量的被提议的部分进行了许多不同的聚类分析后,研究人员决定分成四个不同的学生志愿部分,这是最合适的。每一组代表了一个基于不同偏好的部分,并且在规模上是可观的(见表4-3)。最小的部分(第一群体)代表了14%的样本,而最大的部分(第三群体)代表了51%的样本。

表4-3 用样本百分比表示群体大小

第一群体	利己主义者	14%
第二群体	顽固派	16%
第三群体	线上群体	51%
第四群体	有能力的群体	19%

在对每个部分进行深入解释之前,先提供一个简短的概述。数据分析产生了我们标记的四个不同的细分群体:利己主义者、顽固派、线上群体和有能力的群体。就需求而言,所有四个群体都最重视志愿活动的类型,其次是活动的地点(利己主义者除外,他们主要关心的是他们将做什么)。关于属性偏好水平,除线上群体外,所有群体都对可选的休息时间有强烈偏好。除顽固派外,所有群体都偏好有限或没有时间要求,即只要有时间就自愿。利己主义者和线上群体希望参加与自己的专业或感兴趣领域相关的志愿活动,而顽固派和有能力群体则不需要这样的联动。除了顽固派以外,所有的群体都更喜欢和现有的朋友一起,在附近的地点做志愿者。不过,有能力的人愿意和陌生人一起做志愿者,而顽固派则愿意长途跋涉。线上群体的独特之处在于,他们更喜欢在互联网上做志愿者,而顽固派则对这样做有强烈的反感。顽固派只是想要帮助别人,除

了他们之外，所有人都想从他们的志愿者经历中获得某种职业利益。

表 4-4　群体偏好评分差异评估

属性的性能水平	** SSD	*群体 1	*群体 2	*群体 3	*群体 4
	0.05	利己主义者	顽固派	线上群体	有能力群体
活动类型					
特殊奥林匹克运动会	是	−43	−37	−16	12
在流动厨房工作	是	−22	−33	−16	−74
帮助老人	是	−73	−22	−19	−47
选择另一种休息方式	是	53	39	−24	43
和孩子一起工作	否	3	20	9	19
和你感兴趣的东西有关的志愿活动	是	49	20	28	25
与你的专业和未来的事业相关的志愿活动	是	34	12	37	22
时间承诺					
一年之久的承诺	是	−38	−5	−41	−27
一学期的承诺	是	−17	2	−11	1
周末的承诺	是	22	5	17	12
无时间承诺，当你有时间时就参与	是	33	−2	36	13
社会环境					
和一群朋友一起做志愿者	是	34	−3	24	26
和一群新朋友一起做志愿者(你从未见过的人)	是	−8	30	−11	10
在一对一的环境中做志愿者	是	−26	−27	−14	−35
距离或方式					
驱车前往志愿地点(4 小时车程)	是	−29	19	−64	−16
开车到当地的志愿地点(20 分钟内)	是	44	36	43	55
通过互联网或电子邮件做志愿者	是	−15	−55	21	−39
对职业的益处					
增加获得好工作的机会	是	10	−7	11	23
起薪提高 2 000 美元	是	14	−31	19	−5
与职业相关的人际关系	否	18	10	6	3

属性的性能水平	** SSD	* 群体 1	* 群体 2	* 群体 3	* 群体 4
	0.05	利己主义者	顽固派	线上群体	有能力群体
没有显著的职业福利，除了显示你是一个好员工	是	—42	29	—36	—21

注：① * 偏好分值是"零基础"的数字，即 0 为平均偏好分值，正分值表现出相对较多的偏好；
② ** SSD 0.05 表示根据偏好分值，各分段之间存在统计学显著差异。

表 4-4 显示了在不同细分群体中对推动学生成为志愿者意愿影响最大的变量。为了确定哪些偏好水平对促使细分群体的成员有显著影响，对每个偏好水平进行了方差分析测试。数据分析结果表明，几乎所有不同的偏好水平在确定细分群体的成员方面在统计学上都有显著差异。

关于志愿活动的类型，所有细分群体都表现出相对较强的志愿偏好，偏向于选择与自己研究领域相关的领域，或自己有强烈兴趣的领域。利己主义者（53 人）、顽固派（39 人）和有能力的人（43 人）也对可选择的休息时间有强烈的偏好，而线上群体则对这一选择持反面看法（24 人）。所有细分群体对帮助老人和免费食物发放工作的偏好都低于平均水平。

对时间投入的偏好在不同的群体中也有很大的差异。利己主义者、线上主义者和有能力的人通常更倾向于不限制时间（33、36、13）或周末工作（22、5、12）。与利己主义者和线上主义者相比，有能力的人对一个学期的时间要求表现出平均的偏好（1）。与所有其他分段相比，顽固派对任何一个类别都没有强烈的偏好。我们将这一发现解释为，如果其他属性是可取的，顽固派几乎可以接受任何对投入时间的要求。

关于志愿活动的社会环境，利己主义者、线上群体和有能力的人都强烈偏好（34、24、26）与他们当前的朋友一起做志愿活动。与利己主义者和线上群体相比，顽固派对与他们从未见过的人一起做志愿者表现出最强烈的偏好（30），从而将志愿者活动作为结交新朋友的机会。有能力的人对与他们从未见过的一群新朋友一起做志愿者也表现出相对强烈的偏好（10）。所有人群对一对一志愿者活动的偏好都比平均水平低得多。这与焦点小组的研究结果一致，表明建立关键关系是志愿活动的一个重要好处。

获得参与志愿活动的机会也显示出不同群体之间的显著差异。顽固派对长途跋涉 4 小时去参加志愿者活动的偏好比平均水平（19）更强，这与其他细分群体形成了鲜明对比。根据焦点小组的观察，这部分人可能将志愿服务视为一种冒险。所有群体都表现出强烈的意愿去参加当地的志愿活动。与利己主义者、顽固派和有能力的人对网上志愿服务的偏好(—15、—55、—39)低于平均水平的情况相比,线上群体对网上志愿服务表现出强烈的偏好(21)。

偏好对未来职业有帮助的志愿服务在所有四个群体之间也有显著差异。利己主义者、线上群体和有能力的人对某些类型的职业福利表现出强烈的偏好,而顽固派实际上更倾向于不从他们的志愿活动中获得福利。结果与焦点小组的结果及文献综述是一致的,表明这部分人的动机是利他的手段,不为他们的活动寻求荣誉。相反,这部分人自愿帮助他人,这是文献综述中描述的那一种更内在的好处。为职业上的利益而参加志愿服务可能会让顽固派们的体验"贬值"。相比之下,有能力的人将最高的偏好(23)放在帮助他们找到一份工作上,而利己主义者和虚拟主义者的偏好更加平衡,在不同的职业福利中,他们的偏好水平相似(6 到 19)。

表4-5　评估不同分段的属性重要性得分差异

属性	* * SSD 0.05	* 群体 1 利己主义者	* 群体 2 顽固派	* 群体 3 线上群体	* 群体 4 有能力的群体
活动的类型	是	31	28	25	31
投入时间	是	17	15	19	15
社会环境	否	14	16	14	16
距离或访问	是	19	24	24	22
对未来的职业有利	否	18	18	18	17

注:①* 重要性分数总和为 100 分,分数越高说明重要性越高;
②* * SSD 0.05 意味着根据重要性得分,各个分段之间存在统计学显著差异;
③表中数据按四舍五入计。

表 4-5 显示了各个部分的属性重要性得分。使用方差分析来评估各个部分之间,属性重要性得分是否存在显著差异。检查各部分,以下属性实现了属性重要性的变化:志愿活动类型、投入的时间、参与志愿活动。

利己主义者和有能力者更重视(31)志愿者活动的类型这一属性,而线上群体相对不那么重视(25)这一属性,他们将重要性放在了活动的距离上。而线上群体更重视(19)投入时间这一属性,顽固派和有能力的人不太重视这个属性。最后,与所有其他细分群体相比,利己主义者对志愿者活动的投入时间要低得多(19),而细分群体顽固派和有能力者的属性重要性相似(24)。

对大学的影响

本部分讨论了大学试图增强对骨干志愿者的影响。总结了部分偏好,然后为每个部分提出招募和沟通策略。

一、利己主义者

显然利己主义者最重视志愿活动的类型(31),几乎是其他所有属性的两倍。其余属性的重要性得分大致相似(见表4-5)。仔细检查利己主义者的属性偏好水平(见表4-4),可以发现他们强烈偏好于:

- 可选择的休息时间(53)
- 与他们的专业或兴趣领域相关的活动(34)
- 与现在的朋友一起做志愿者(34)和近距离的志愿服务(44)

由于他们可能更利己而不是利他,将志愿服务视为一种发展在未来职业中有用的技能的方式,呼吁应该更多地关注与职业相关的好处,而不是帮助他人。描述性统计数据(见表4-6)表明,这一群体是最年轻的,因此最容易受到影响,大一(15%)和大二(24%)的学生比例最高,基线分别为11%和14%。研究表明,他们是志愿服务的新手。事实上,2003年国家教育统计中心发现,从高中到成年早期,大约68%的学生至少做过一次志愿者,但只有12%的学生在同一时期坚持做志愿者。所以我们相信这部分人需要被那些一直积极参与志愿活动的同龄人告知、说服和提醒去做志愿者。

鉴于这部分人对志愿服务缺乏强烈的内在兴趣,建议学校从他们的新生定向开始,发起积极的人际沟通活动以获得这个未参与的群体的注意。

表4-6 各部分人口统计特征百分比

	基线	*群体1 利己主义者	*群体2 顽固派	*群体3 线上群体	*群体4 有能力的群体
年级:					
大一新生	11%	15%	5%	13%	7%
大二	14%	24%	11%	12%	11%
大三	28%	24%	32%	28%	29%
大四	36%	30%	38%	36%	40%
研究生	11%	6%	14%	11%	13%
平均绩点:					

	基线	*群体 1	*群体 2	*群体 3	*群体 4
		利己主义者	顽固派	线上群体	有能力的群体
2.49 或以下	4%	9%	0%	4%	4%
2.50 到 2.99	16%	12%	22%	17%	13%
3.0 到 3.49	32%	30%	27%	32%	36%
3.5 到 4.0	48%	48%	51%	47%	47%
你做过志愿者吗？					
是的	85%	79%	92%	82%	91%
没有	15%	21%	8%	18%	9%
定期做志愿者？					
是的	54%	50%	78%	44%	64%
没有	46%	50%	22%	56%	36%
日常工作吗？					
我没有工作	32%	24%	27%	38%	24%
每周工作 1～10 小时	20%	27%	16%	14%	33%
每周工作 11～20 小时	28%	27%	41%	27%	22%
每周工作 21～30 小时	14%	15%	5%	14%	18%
每周工作 31～40 小时	4%	3%	3%	5%	2%
每周工作 40 小时或以上	3%	3%	8%	2%	0%
是希腊人吗？					
是的	27%	21%	22%	27%	33%
不是	73%	79%	78%	73%	67%
定期去教堂？					
是的	33%	39%	43%	26%	38%
没有	67%	61%	57%	74%	62%

注：基线（%）是所有四个部分的平均百分比。

通过将志愿者的经历与学生实现社会和心理的目标联系起来，从而加强人际间的吸引力。在文献中发现的一些选择性激励包括声望、社会接触、自尊、获得归属感、满足从属关系的需要以及作为交朋友的一种方式（Nichols 和 King，1998）。因此，这一群体中的学生应该积极响应经验丰富的学生志愿者的影响，这些学生志愿者具有许多这些可取的品质，并且志愿工作任务可以提供职业利益、认可和奖励。此外，可以利用学生倡议者在互联网为媒介的环境中进行人

际交流。因为研究表明,这一群体对互联网相关媒体的使用率很高(参见
Buddy, Can You Spare Some Time?,华尔街日报,2004 年 1 月 26 日),建议
采用以下策略:

  • 招募有经验的学生志愿者,开设一系列 facebook. com 群组和 myspace.
com 页面,分享新生的志愿者经历,培养学生对志愿者机会的兴趣。

  • 更进一步,大学可以帮助现有的志愿者制作两到三分钟的志愿者经历短
片,上传至以用户自创内容为特色的网站(如 youtube. com)。

  近来网络上有用户创作的趋势,学校应该利用它来接触这一群体(参见"在
YouTube 上发布你的简历",华尔街日报,2006 年 12 月 6 日)。此外,学校可以
招募教师进行线上和线下活动(例如,在讲座中引用新生的志愿者片段作为一
种产品/服务植入)。对于这个群体中雄心勃勃的学生来说,奖励和激励必须超
越简单的打印证书(Mason,2003)。学校应该考虑在校报中承认学生的参与,
并为学生提供关于志愿活动的推荐信。

二、顽固分子

  顽固派们最看重的属性是志愿者活动的类型(28),其次是参加活动的距离
(24)。通过检查这一段的属性偏好水平(见表 4-4),我们注意到对线上志愿活
动(-55)的不满和对以下方面的强烈偏好:

  • 可选择的休息时间(39)
  • 只要其他属性是可行的,可以安排在任何时间
  • 与一群新朋友一起志愿服务,也许可以说是交朋友(30)
  • 长途跋涉去做志愿者(19)
  • 做正确的事情,也就是帮助有需要的人且要做一个好人(29)

  总结起来,我们将顽固派定性为利他主义(Callow,2004),并且愿意在很
少或没有提前通知的情况下进行具有挑战性的任务(例如,在卡特里娜飓风过
后重建家园)。描述性统计数据表明,这一群体的人定期志愿服务(78%,基线
为 54%),工作时间更长(每周 11~20 小时:41%,基线为 28%),而且往往比其
他群体更虔诚(定期去教堂:43%,基线为 33%)。因此,我们认为这部分人保
持着相对较高的志愿强度。

  Wymer(2003)主张以市场为导向的方式招募和保留志愿者,将志愿者视
为重要的客户群体。基于这一群体认识新朋友、扩大朋友圈的需求,我们认为
应该通过促进志愿者社区的发展、与校园教会组织形成联系来发展与这一群体

的关系。我们将志愿社区视为一种教育社区(Strauss 和 Frost,2006),在这个社区中,学生们分享助人的经验,建立社会纽带,并彼此互动。

这一积极性很高的群体不仅有可能参与新创建的志愿者社区,他们也相对更有可能参加教堂聚会(见表 4-6)。现有的研究表明,参加教堂活动的频率与志愿者精神之间存在正相关关系(Peterson,2004;Mathis 等,2000)。最近,加利福尼亚大学洛杉矶分校(UCLA)的研究人员发现,绝大多数进入大学的学生报告说,他们正在进行精神探索,他们正在寻找传统教堂之外探索信仰的新方式(《圣经取代啤酒在大学校园》,CBS News,2006 年 12 月 14 日)。这不仅仅是一个国内现象,非洲副总统 Dela Adadevoh 博士的办公室报告说,校园事工(不包括北非)已经从 1997 年的 72 个增加到 2006 年的 137 个。

最后,作为建立关系的一部分,应该强烈要求顽固派去做志愿者。要求人们做志愿者时,他们愿意的可能性是不愿意的四倍多(《独立部门》,1994)。将公益广告放置在校园媒体上,如学生报纸、广播、公告栏海报和基于互联网的电子邮件列表、博客和其他网站,可能对接触和与这个群体互动有较大作用。

三、线上群体

线上群体是最大的群体,他们最关心志愿活动的类型(25)和志愿活动距离(24),并且它们几乎同等重要。回顾这一群体的属性偏好水平可以发现,他们强烈偏好:

- 与专业相关的活动(37)或兴趣领域(28);
- 网络志愿服务(21);
- 和现在的朋友一起做志愿者(24),而且没有时间承诺(36)。

和利己主义者一样,这一群体也被认为是利己主义者(Callow,2004)。Cnaan 和 Wadsworth(1996),向志愿者提出了一个从自由意志到义务的连续统一体。他们认为,志愿者的看法取决于志愿者的相对成本和收益。他们得出的结论是,志愿者的净成本越大,志愿者的体验就越纯粹。显然,这个目标市场在决定是否志愿以及志愿到何种程度时,会考虑成本和收益(Callow,2004)。描述性统计数据表明,这一群体的志愿率最低(44%,而基线值为 54%),因此这一群体的学生不倾向于志愿服务(Bale,1996)。Callow(2004)发现,在那些想要帮助有需要的人(如无家可归者)和那些不愿意帮助的人之间存在着一种二分法。在 Callow(2004)之后,线上志愿者更加面向任务,而不是面向人,但仍然能够提供有价值的贡献。

显然,这个群体应该被提供机会在一个互联网中介的环境中服务(例如,帮助有风险的学生完成他们的家庭作业)。事实上,有一种线上志愿服务的趋势,大量依赖志愿者编写和调试开源软件(如 Firefox)的软件公司证明了这一点。

线上群体也可以被招募来做一些特别的志愿活动,这些活动很容易接触到,持续时间不超过一天。这些志愿节目应该以某种方式打上烙印,这样学生不仅可以识别每个人,还可以通过其他人与每个人联系起来。学校可以考虑给这些学生志愿者赠送"酷"的 T 恤和帽子,上面印有与志愿活动相关的容易识别的标志。然而,这还需要进一步的研究来确定对志愿学生最有效的奖励。

四、有能力的群体

因为他们往往年龄稍大(大四学生和研究生分别为 40%、13%),并且有志愿服务的历史(定期志愿服务为 64%,基线为 54%),我们将这一群体称为有能力的人。与利己主义者和顽固派类似,这部分人最重视的是志愿活动的类型(31),其次是志愿者活动的距离(22)。除了与老人一起工作(-47)或在施粥所工作(-74)外,有能力的人强烈偏好于:

- 可选择休息时间(43)和有限的时间安排 (13);
- 和现在的朋友一起做志愿者(26)和(或)与一群陌生人一起(10);
- 近距离(55)和有助于找到一份好工作(23)。

因此,有能力的人包括积极主动的人(注意表 4-4 中对特奥会的兴趣),描述性统计数据显示,他们在志愿服务方面更有经验。基于他们的背景,他们希望继续以高强度参加志愿工作。学校应该为这些有事业心的人,不仅仅提供社区服务的机会,还应该让他们有机会学习如何管理社区服务项目。

建议大学为这些人提供一个机会,让他们更广泛地了解志愿者项目是如何运作、融资和营销的。学校应该考虑让他们担任团队领导者和志愿者教练等决策角色。由于他们有最高比例的希腊人(33%,而基线是 27%),这一群体中的许多人可能是外向的,有很强的沟通技巧,这对发起拨款和活动策划很有用。最后,有能力的人应该接受社会企业家精神的培训并获得奖励,例如,为学生运营的项目和慈善活动提供资助(Hoover, 2004)。

研究的局限性和结论

至于研究的局限性,本研究确定的部分可能不适用于其他大学的本科生。

为了更广泛地推广到本科生群体,有必要从更大的大学截面中抽取更大的样本。伴随着这一局限性,样本更有可能基于他们对本次调查的参与进行志愿服务,这使得我们的样本更有可能与研究大学的总体人口有所不同。如果大学管理者觉得他们的学生是不同的,这些部分是不相关的,那么研究人员建议,这项研究的过程可以在他们自己的学生身上重复。

在目前的研究中,分析了学生对志愿服务的偏好,并确定了四个不同的基于需求的部分。利己主义者是这四个群体中最年轻的,在他们大学早期获得并增加参与志愿活动的机会可能会带来巨大的回报。针对这一群体可能有助于培养一种文化,让新生把志愿服务作为大学生活的一种方式。相比之下,无论大学做什么,顽固派都可能是活跃而热情的志愿者。线上群体可能是最难吸引的群体,因为他们的偏好和志愿者服务率目前较低。尽管如此,线上群体还是有吸引力的,因为他们是最大的群体,并且对线上开放志愿服务,是志愿服务中一个新的、即将到来的趋势。最后,有能力的人参与率相对较高,通过一些营销,大学可能会显著增加他们的志愿服务强度。

不是一定建议大学尝试聚焦这所有四个部分。学校目标群体的细分主要取决于学校的预算情况和在志愿服务方面的目标。

(译自 Michael S Garver, Richard L Divine & Samuel A Spralls, Segmentation Analysis of the Volunteering Preferences of University Students. Journal of Nonprofit & Public Sector Marketing, 2009, 21(1):1-23.)

第五章
理科大学生的实践教育

第一节　理科大学生的实践育人背景

一、贯彻习近平高校思想政治教育观

高校思想政治教育的主要对象就是大学生,从生理上讲,大学生的身体发育基本成熟,精力充沛,生理状态处于巅峰,是学习、长本领、实现梦想的黄金时期。从心理上讲,大学生是处在心理成熟过程中的人,逐渐减少对父母的依赖,自我认识能力和水平逐渐上升并趋于成熟。从利益和要求方面讲,这一时期大学生从以学校学习为主走向以社会生活为主,希望社会能尽快、最大限度地满足大学生的各种需要,取得社会资格和地位,求得社会承认、自我价值的实现。但大学生在经济生活中尚未占主导地位,政治上处于边缘地带,社会对大学生尚未认可,他们面临着现实存在和未来前景的矛盾、生理成熟和社会不成熟的矛盾、希望与失望的矛盾。

从习近平公开发表的文献、讲话来看,他认为大学生最主要的特点是最具朝气、活力、创造性,同时他也认识到大学生的不足:涉世未深、磨炼不足、缺乏经验,如他认为高校青年师生精力充沛、年富力强,热情高、有闯劲,但也有许多短处。培养德智体美劳全面发展的社会主义建设者和接班人,就是新时代习近平高校思想政治教育的根本目标。这个根本目标有三大特点:一是社会主义性

质,这是最大的、最根本的特点。习近平高校思想政治教育培养的知识分子要具有共产主义远大理想和中国特色社会主义共同理想,具有社会主义知识修养,具有社会主义核心价值观。二是德智体美劳全面发展。我国的教育一直遵循马克思主义关于人的全面发展的理论,要求受教育者在德育、智育、体育、美育等方面获得全面协调的发展。广大高校师生要担当起党和人民赋予的历史重任,努力成为德智体美劳全面发展的人才。三是时代性。中国特色社会主义进入新时代,那么习近平高校思想政治教育的目标一定要有新气象。高校师生应具备的时代特征有:创新思维、国际视野、大局意识等。总之,习近平高校思想政治教育培养的高校师生应该是身心获得全面、协调发展的人。中国梦承载着全体中国人民的共同理想和希望,是全国各族人民的共同理想,更是大学生应牢固树立、奋斗拼搏的远大理想。全国各族人民必须付出更为艰苦的努力,高校师生也应该为实现中华民族伟大复兴奉献自己的青春、智慧和力量。

在党的十八大报告中,"立德树人"首次被正式确立为教育的根本任务,习近平在十九大报告中强调,要落实立德树人的任务,让"立德树人"从理念走向实践。二十大报告明确提出,要落实立德树人根本任务,培养德智体美劳全面发展的社会主义建设者和接班人。习近平强调"两个巩固"是新形势下宣传思想工作的根本任务,为我们在新的历史起点上开展高校思想政治工作确定了原则、指明了方向。宣传思想工作的环境、对象、范围、方式发生了很大变化,然而变化越大,要求我们越要坚持和巩固马克思主义的指导地位,越要脚踏实地为实现党在现阶段的基本纲领而奋斗。

习近平在全国教育大会上强调,在党的坚强领导下,全面贯彻党的教育方针,坚持马克思主义指导地位,坚持中国特色社会主义教育发展道路,坚持社会主义办学方向,立足基本国情,遵循教育规律,坚持改革创新,以凝聚人心、完善人格、开发人力、培育人才、造福人民为工作目标,培养德智体美劳全面发展的社会主义建设者和可靠接班人,加快推进教育现代化、建设教育强国、办好人民满意的教育。要完成这一教育任务,就要求高校思想政治教育工作不断强化,明确高校人才培养的任务是培养全面发展的社会主义建设者和可靠接班人。

二、服务地方经济发展

服务地方经济发展也是高校承担的重要职能之一,也是对于新时代高校和大学生提出的要求。一方面,高校通过培养社会经济发展急需的人才,包括开展继续教育,为企业发展、地方经济发展提供人才支撑,以及通过科研和技术服务助推地方经济发展,通过科技创新为企业地方经济发展提供技术方面的支撑。

当然,还有一个十分重要的方面,高校作为培养高级人才的机构,拥有丰富的高级人才,拥有智力资源,可以直接参与社会服务,助力地方经济发展。其中,主要的一个形式就是开展大学生志愿服务活动,特别是在一些可能需要应用电脑软件、操作高科技装备、读懂一些专业材料等方面,大学生作为高素质人才,可以提供其他志愿者所不具备的专业知识和技能。此外,大学生志愿者相比于其他志愿者,在志愿服务的精力、能力、时间等方面,都具有一定的优势,一些大型的赛事、活动,离不开青年大学生志愿者的支持。

作为理科大学生,也能够通过应用数学、物理、计算机等方面的专业知识,在新冠疫情防控活动中,帮助开展数据的登记、整理,在地方公共部门的管理中,帮助开展数据模型的建立、分析,解决遇到的问题。但是,从现实来看,学生能够参与这类实践活动的机会比较少,这其中存在很大问题,如需要培训、数据保密、交通不便问题等。这种情况下,开展科普教育支教志愿服务活动就成为比较实际的选择。

本研究的出发点,就是在于学校所在地的社区向高校提出的要求和希望,因此,项目主要是面向城市社区和偏远农村地区少年儿童开展科普教育、环保观念教育等方面的志愿服务活动,项目合作的对象既包括学校周边的社区、小学、幼儿园,也包括偏远地区的农村以及非政府的公益组织,特别是得到了南京市和润社会工作者中心的大力支持。已经开展的服务,主要是在南京市的多个社区和小学实施,如江宁区的汤山街道、秣陵街道、东山街道等地的江南青年城社区、牛首社区、翠岛花城社区、麒麟门社区等,以及诚信小学、河海大学幼儿园、金陵中学河西分校小学部等,项目志愿者还以暑期支教的形式,赴全国十多个省份开展科普小实验专题支教活动,覆盖人次达 4 000 左右,受到了广大家长和小朋友的一致好评。项目的实施,有助于提高社区儿童的课后服务,助力地方经济发展,提高科普教育的水平,助力科教兴国战略的实施。

三、开展劳动教育的需要

在党的二十大报告中,将劳动教育写入了报告,这是劳动教育十年来第一次写进党代会的报告。要通过劳动教育,使学生能够理解和形成正确的劳动观,树立劳动最光荣、最崇高、最伟大、最美丽的观念,体会劳动创造美好生活,体认劳动不分贵贱,热爱劳动,尊重普通劳动者,培养勤俭、奋斗、创新、奉献的劳动精神,具备满足生存发展需要的基本劳动能力,形成良好劳动习惯。

作为理科大学生,更需要加强劳动教育,相比于工科、农科、医科等专业而言,理科学生的特点是善于逻辑推理、计算,但是在动手能力方面要差一些。在专业的课程设置上,也缺乏相关的劳动教育,目前已经开展的劳动教育,主要是清扫实验室、资料室等场所,劳动的质量不高,和专业的相关性也较差,学生参加劳动的积极性仍有待提高。

在此背景下,组织理科大学生参与少儿科普相关的劳动,在动手准备、操作小实验、指导少年儿童开展实验等过程中,一方面,充分参加了劳动,在一般为期 2 节课的小实验过程中,学生志愿者要全程参与劳动。另一方面,也能够将相关的理论知识应用于劳动实践,实现了高质量的劳动教育,提高新时代大学生综合素质。

四、提高理科学生专业归属感的需要

专业归属感来自对专业全面深入的了解,对专业在学业和就业方面的前景充满自信,能够从心理上和行动上认同所学专业。对于理科专业而言,因为专业自身的特色和实际情况,专业归属感来自第一课堂的困难较大。在此背景下,实践育人的作用就特别突出,而实践育人的作用在于,学生通过参加专业实习、社会实践、志愿服务等实践活动,将专业知识应用于实践活动,帮助学生明确专业学习什么?是不是符合自己的愿望?毕业后能干什么?从而有助于学生深入认识本专业,在深入全面了解本专业之后,进一步提高专业自信心和专业满意度,也有助于学生在实践中提高自身能力和综合素质,有助于增强学生对于专业的情感归属。

数学、物理、信息与计算科学等专业的理科学生,相对于工科和文科等专业的学生而言,具有一些特质,如挂科率高、学习难、毕业难、就业难。特别是在行业特色型大学,比如以水利为特色的行业大学——河海大学,这些理科专业的师资力量、资金投入、学科水平等方面具有一些劣势,这些特点对学生专业学习兴趣和专业自信心具有较大影响,影响学生专业满意度和专业归属感。近年来,随着学校对转专业条件的放宽,理科学生报名转专业学生人数明显增加,以河海大学理学院 2015 级为例,新生入学人数为 187 人,转专业 60 人,转专业人数为总人数的 1/3 左右,学生专业归属感建设面临严峻问题。

此外,数学、物理等理科专业,高考专业志愿调剂生较多,学生入学后专业归属感就面临着严重的危机。以 2016 级学生为例,182 名新生中,仅有 18 人是第一志愿填报物理或数学专业,第一志愿录取率仅为 9.8%,绝大部分学生都是调剂生,大多数学生还未完全做好入校学习物理或数学的心理准备,对专业的了解较少,学生的专业思想不稳定,归属感不强。因此,理科专业亟待加强学生归属感的建设。

而提高理科学生专业归属感的主要途径,就是加强理科学生的实践教育,科学规范第二课堂活动,制定一系列相关制度和方案,形成一批品牌活动。为规范和提高现有学生活动,在调研的基础上,制定了“学院第二课堂活动计划安排表”,拟定了“学院生涯规划教育教学方案”,并通过院党委发文,将就业指导、精英课堂、主题教育、心理教育等模块活动规范化、系统化。经过近 3 年的实施,形成了“数理文化节”“科学小实验进社区”“理学之光系列讲座”等一批广受学生欢迎的活动品牌。特别是数理文化节活动,在有趣的比赛活动中,通过动手、动脑,实现团队协作,完成某一项任务,从而将理论应用于实践,让学生有获得感、成就感,从而提高专业归属感。

五、少儿科普教育的需要

青少年正处于世界观、人生观和价值观树立的萌芽期,他们渴求通过科学思想的传播使自身受到启迪,正是这一需求使他们把科学思想的传播置于首位。青少年通过学习和实践,已认识到科学方法无疑是可以借鉴的,可以成为他们正确解决困扰问题、参与科技实践和其他校园活动的指南。正因为此,在向青少年进行科学传播时,最重要的也是他们受益最大的,就是科学方法的传播。在向青少年进行科学传播时,除了提升他们的科学素质外,我们还要提升他们的思想道德素质。

另外,创新精神是推动科技进步和社会发展的最可贵的精神。我们通过科学知识的传播,使他们领悟并逐步树立创新精神,有益于科技创新后备人才的培养。在当今时代,仅仅使青少年被动地接受非参与性的科普学习和活动,已不能适应形势发展的需要,那些能体现思维互动的参与性方式则越来越受到他们的欢迎。但在我们的校园里和社会上,提供给他们的科普实践和学习机会,远远满足不了他们的求知欲望和需求。好的活动形式多样、内容丰富、妙趣横生,善于唤起他们的思想共鸣,受到他们的欢迎;但有的活动形式呆板、脱离实际、缺乏新意,会导致青少年对科普失去兴趣。因此,科普知识的传播技巧和活动的形式多样是科普活动能否取得预期效果的重要保障。

2016年,笔者在参加社区开展的志愿服务活动的时候,曾与社区交流大学和大学生可以为社区做哪些服务,哪些是大学生可以开展的,能够实实在在帮助社区提高服务社区居民的水平。当时,大学生志愿者在社区开展的活动,主要是偶尔进社区捡垃圾,帮助维护社区环境,上门回收废旧电池等;组织社区居民开展文艺演出,在社区需要的情况下,参加社区偶尔举办的小型演出活动,提供演出和秩序维持等志愿服务;在社区养老等方面,大学生志愿者经过简单的培训,为社区老年人,特别是孤寡老人提供上门的血压测量、信息统计等方面的助老服务;其他还包括进行环保低碳宣传、防诈骗宣传等活动。

学生在社区开展的志愿服务不仅数量少,而且质量低,并不能真正体现大学生志愿者的特点,与普通的志愿者没什么差异,也不能够提供稳定的志愿服务。偶尔的大学生志愿者进社区,还需要进行培训和指导,对于社区管理者而言,不仅不能够带来工作上的大的帮助,还可能带来困难。因此,地方街道、乡镇政府、社区管理者也希望能够有更多的大学生志愿者稳定地参与地方的志愿服务活动,可以与大学签订一些实习实践基地的协议。

六、大学生成长的需要

开展社区儿童科普志愿服务的实践活动,也是大学生社会实践的需要。大学生社会实践活动是引导学生走出校门、接触社会、了解国情,使理论与实践相结合、知识分子与工农群众相结合的良好形式;是大学生投身改革开放,向群众学习,培养锻炼才干的重要渠道;是提高思想觉悟,增强大学生服务社会意识,促进大学生健康成长的有效途径。社会实践活动有助于大学生更新观念,树立正确的世界观、人生观、价值观。学生社会实践是大学生提高素质的重要环节,充分发挥新时期高校实践教育功能,对于提高大学生思想道德素质、科学文化素质、创新创业能力以及促进其个性化发展和社会化进程具有重要的作用。随着素质教育的普及开展,大学生能力建设逐渐成为高校培养目标的重点之一。社区儿童科普项目不仅是回报社会的积极实践,同时也是大学生响应国家素质教育全面发展的平台。

第二节　理科大学生的实践开展

一、共青团方面

共青团在党的高校思想政治教育中占重要地位,在实践育人中发挥着重要作用,习近平总书记也高度重视共青团工作的创新。习近平总书记系列重要讲话精神是做好新形势下高校共青团工作的根本遵循,它促进了共青团工作在内容和方法上的创新。在内容方面,高校共青团把习近平思想政治教育的很多内容引入共青团的工作当中,如把社会主义核心价值观教育作为高校共青团工作的重点内容,举办形式多样的活动,组织学生积极参加,引导学生扣好人生的第一粒扣子,自觉践行社会主义核心价值观。高校共青团既要巩固团刊、标语、广播、橱窗等传统的宣传阵地,又要加强共青团 QQ、微博、微信公众号、网站等新媒体平台"网上共青团"阵地的建设。要做到哪里有高校学生,哪里就有团的旗帜、团的组织、团的声音、团的活动。

当前,众多高校都开展了"第二课堂成绩单"建设,通过政策引导,鼓励学生参与多种类型的实践活动。在寒暑期社会实践方面,要求学生至少参加一次团队的实践活动,参加不少于一次的个人实践活动,鼓励学生积极寻找合适的实践机会,进入企业、社区、乡村等,做一些调研、兼职、实习等。在日常的文体活动方面,鼓励学生积极参与各类体育比赛,如足球赛、篮球赛、羽毛球赛等,以及文艺演出,如各类晚会、歌唱类比赛等。在志愿服务方面,参与的各类日常志愿服务活动均予以认可。在参加各类资格证考试方面,如驾驶证、计算机等级证、咨询师证等,全部予以认定,鼓励学生积极参加各类培训。

二、学生组织方面

在大学生实践的组织层面,高校的学生组织起着十分重要的作用。一般而言,学生组织包括团委、学生会、研究生会、学生科协、学生社区自管会、学生传媒中心等,以及其他各类学生社团,包括各方面的相声社、话剧社、象棋社、吉他社、太极协会、书法协会、街舞社、国学社等。

特别是要发挥学生组织的作用,要充分发挥学生组织与时俱进、善于创新、深入了解学生的特点,通过团委、学生会、研究生会等,开展大学生"百团行动"社会实践、文化艺术节、校园科技节、金水节等品牌活动,形成重点突出、全局并进的良好工作局面,在全校同学的全面素质发展和创新创业引导等方面发挥重要作用。初步形成以主题教育为特色的思想工作平台,以社会工作岗位锻炼为重点的组织建设平台,以社会实践和志愿服务为主体的课外实践教育平台,以"挑战杯""互联网+"以及物理创新实验作品竞赛为龙头的课外科技创新平台和以素质拓展计划为主线的素质拓展平台,为建设学生第二课堂培养和教育体系提供有力的保障和坚实的基础。

结合理科特色,拟定理学特色的文体活动计划,在校园文化、文艺演出、体育比赛、专业特色活动、素质拓展等方面,举办一系列深受学生欢迎的品牌活动。廉洁文化衫设计大赛、数独比赛、校园规划大赛等品牌活动,提高了学生参与率,也提升了实践成效。

三、党政管理方面

习近平总书记强调,高校必须牢牢坚持把立德树人作为中心环节,把思想政治工作贯穿到教育教学全过程,要用好课堂教学这个主渠道,强化工作责任意识,使各类课程协同育人。首先,高校党委要对实践育人负总责,党委要把关定向、统筹指导,更要勇于深入实践育人工作的第一线,敢抓敢管、不怕挨骂,敢于发声亮剑。其次,实践育人不只是思想政治理论课教师的事,其他各门课教师都要肩负其育人的职责,加强师德师风建设,努力成为"四有"好老师,守好一段渠、种好责任田。再次,整体推进高校实践育人工作的队伍建设,提高教师工作待遇和生活条件,吸引更多教师特别是优秀专业课教师兼职从事学生教育管理服务工作。

高校的立德树人任务,不仅要通过各类思政课程,实现课堂内的实践育人,更需要通过各类实践的开展,组织引导学生深入社会各层面,学习锻炼。在理科大学生的实践方面,更是如此,需要学院党委高度重视,在政策方面给予引导,在师资力量、资金等方面加大投入。

大学生的培养,不只是在显性的成绩上体现,比如学习成绩、比赛获奖、论文、专利等,更是在隐性的学生成长上体现,通过参加各类实践获得了宝贵的经验,这是在短期内看不到的,不能在某些评价体系之下,为了学科评估、为了申请学位点,放弃学生深入开展实践、提高实践能力的培养。

四、辅导员方面

在大学生实践活动的开展中,不论是项目的发起、服务对象的选择、人员的选拔和培训,还是活动的资金报销等方面,不可能依靠学生来策划、组织和实施,都需要老师来推动,最合适的推动者就是辅导员。辅导员作为负责思想政治教育和学生活动管理的服务者,兼具有教师和行政管理的职责。作为与学生接触最多、最亲密的辅导员,毫无疑问,在大学生科普志愿服务活动中,具有特别重要的无可替代的作用。

在志愿服务活动的策划中,需要辅导员统筹把关。首先,志愿服务项目的提出,需要充分的调研,确定是否有需求,找到合适的服务对象。无论是服务少年儿童、孤寡老人,还是中低收入家庭等,作为科普志愿服务活动,都需要精确定位服务对象,明确哪些项目是有真正需求的,也是我们大学生力所能及的。其次,志愿服务项目的可行性论证,在参与人员、经费物资支持、法规政策和校纪校规等方面,都需要辅导员与各方面对接,与服务对象和单位沟通,与学院和学校相关部门沟通,是不是力所能及的、是否可行。在当前的高等教育管理中,辅导员的职责之一就是组织实施大学生社会实践,而志愿服务活动是其中最主要的实践之一。

在志愿服务活动的组织实施中,需要辅导员作为主导者冲锋在前。首先,志愿服务活动的前提是安全,这就要辅导员事先评估在实施过程中的交通安全、人身财产安全以及科普活动或小实验的安全,是不是可能给服务对象,特别是少年儿童带来安全隐患。一方面,一些化学反应类实验,可能存在危险;另一方面,在进行科普小实验的过程中,少年儿童可能存在操作不规范、误操作等,需要辅导员慎重斟酌,充分考虑到各方面的安全因素。其次,人员的招募培训、组织安排、人员的稳定、可持续发展,特别是骨干力量的传承和发展,对于科普志愿服务活动的持续开展具有十分重要的作用,这就要辅导员在各年级积极宣传,担任面试官,把真正适合的、愿意做的发展到团队中来,在后期的志愿者的培训中,辅导员不仅是主讲者,也起到"压舱石"的重要作用,所谓"铁打的辅导员,流水的志愿者"。最后,在项目的实施过程中,需要辅导员为志愿者提供后勤保障,成为志愿者的可靠支持者,为志愿者解决遇到的困难。一方面,与服务对象的接洽,部分单位需要相关的证明材料,或需要辅导员出面参加,比如对接社区、乡村、中小学校等;另一方面,也需要辅导员提供与学校的沟通、资金和物资方面的保障等。

在志愿服务活动的总结提高方面,需要辅导员给予全面的掌控。在活动开展之后,要进行总结评估。一方面,给予参与活动的志愿者以肯定,给予相应的表彰和奖励;另一方面,需要对项目的实施情况给予全面的总结评估,需要辅导员通过调查问卷、访谈等方式,全面收集掌握各方面的反馈信息如服务对象的认可等,这个工作对于项目的后期总结提高具有十分重要的作用。其次,项目资助和课题的申报、奖项的申请等,就需要辅导员不仅从文字上、材料上给予全面指导,更需要从筹划上给予全面的把控,自主完成这些工作的能力是学生所不具备的。大学生科普志愿服务活动,可以申请各类课题,包括科普专项资金支持以及科协的各类项目支持,参加青年志愿服务活动评优、参加志愿服务展示交流会等。这既有助于在交流的过程中,提高项目的水平,也有助于项目宣传,拓展服务资源,推动项目服务更多需要的对象。

第三节　理科大学生实践评估

一、专业满意度

要对高校的实践育人、实践工作成效进行评估的话,第一个方面肯定是学生对于专业的满意度。专业归属感是在校大学生对其所学专业的心理认同,感知到自身被本专业师生所接纳,相信自己能够学好本专业知识,并为学好本专业而积极努力地学习。这一界定包含三重含义:第一,专业归属感的主体是在校大学生;第二,专业归属感是双向的,不仅自身能够认同本专业,而且感到自己被本专业师生所接纳、尊重;第三,专业归属感不只是心理上的认同、归属,还包括在认同基础上,为学好专业而采取积极努力的行为。因此,学生对于专业的满意度,是评价实践育人成效、考核学生实践教育水平的最主要的指标之一。

在学生满意度和归属感的衡量方面:一方面通过满意度调查,围绕着学生对于专业,特别是实践教育方面的满意度进行全方位的调研;另一方面,也可以通过一些关键的指标,来体现学生对于专业的认可情况,比如转专业率,学生选择转专业的一个重要原因是对于专业的不认可。特别是对于理学学生而言,尤其如此,理科学习难度大,出显性的成果较难,不像工科类专业,可以制作模型、出产品、出可见可展示的成果等。因此,理科大学生的专业归属感,很重要的一个方面来自实践。如果不能通过大一一学年的学习,充分认可所学专业的师资力量、专业的应用、专业的有趣的知识等,就会选择转专业。转专业率的逐步下降,也是理科专业实践育人成效的重要指标之一。

二、就业情况

作为高校培养的"产品",毕业生的就业情况,是高校实践育人最重要的指标。针对数理学生就业信心影响因素的调查,笔者曾拟了相关调查问卷,进行专题调查,发放调查问卷 200 份。通过分析调研数据,发现数学类学生专业满意度对于就业信心有着显著的影响,存在一些其他客观因素,影响学生的就业信心,如经济发展状况、企业用工需求、家庭背景和家长意志等。除以上客观因素外,个体情况也是影响学生就业信心的一个重要因素。在问到"影响就业的个人主要因素"时,学生认为最主要的个体因素分别是:社会实践能力(78%)、专业(54%)、学习成绩(22%)、性别(21%)。这一结果表明,数学类专业学生认为,影响其就业的主要因素是是否有社会实践经验,其次才是所学专业和学习成绩。虽然,性别对于专业满意度没有影响,但是对于学生就业信心而言,性别差异对于学生就业信心有着重要的影响。

通过这一调研,也再次印证了:实践育人开展情况,或者说学生的社会实践能力情况,影响学生的就业信心,更是影响到学生的就业质量。就业质量的体现,一方面在于升学率、毕业生读研的比例以及进入重点大学读研的比例,另一方面,在于毕业生进入重点单位的比例,比如考取公务员的数量,进入重点事业单位、重点企业等组织的数量和比例。

作为一名具有 11 年专职辅导员工作经历、长期开展毕业生就业工作的辅导员经验,本人总结毕业生高质量就业的经验,归结为最重要的一点或者说是十分重要的一点,就是毕业生在校期间参与实践的情况。一般能够实现高质量就业的学生,其实践经历丰富。如在学生工作方面,担任学生骨干,如班长、团支部书记、学生会主席等;在参加实习实践方面,能够参加寒暑期社会实践,评选为校级或省级团队、先进个人;在个人实践方面,能够进入一些大型企业做一些兼职;在志愿服务等方面,能够在重大活动中或者某一项目中,担任志愿者并取得不错的成绩,如优秀志愿者,项目获得省级或校级奖励;在创新创业比赛等方面,取得一些成绩。

以笔者所在学院为例,经过不断深入开展的实践教育,特别是在提高学生对专业的归属感、提高学生实践能力、提升综合素质方面,经过多年的不懈努力,已经初步地显现出了成效。在升学方面,升学率从 2012 年的 25% 提高到了当前的 45%,在保送研究生的比例基本维持不变的情况下,考研成功的比例显著提高。在考取公务员、事业单位等重点行业方面,学生的比例也在逐步地提高。

三、学生骨干培养

实践育人的成效,也体现在学生骨干的培养方面。大学生实践活动的开展,十分重要的一个方面就是学生骨干,他们是连接教师、学院和学生的一个重要桥梁。就是通过学生骨干开展丰富的实践活动,为学生提供志愿服务、文体活动、科创类活动、技能培训类活动等,提高实践育人的质量和水平。当然,学生骨干的数量和质量,也是大学实践育人的重要成果之一。

学生骨干的成长,在于深入开展实践,在实践中提高综合素质和能力。学院和学校层面,在活动的设计和组织方面,要开展丰富的实践活动,特别是大型的活动,包括传统的大型运动会、迎新晚会、毕业典礼、十佳歌手大赛等,以及一些学生喜闻乐见的大型活动,比如大型学科比赛、数学建模竞赛、桥梁模型制作比赛、辩论赛、篮球赛等,以及联合企业组织开展的案例大赛等,使学生骨干在比赛中锻炼,在比赛中成长。

以本课题研究项目为例,自 2016 年实施以来,经过几年的时间,项目实施中培养出了一批骨干,多数志愿者在谈到参加科普志愿服务活动的感受时,谈到的最多的词汇是:交流、学习、收获、合作、成长。在对参与"科普小实验进社区"志愿服务项目的骨干志愿者进行跟踪了解统计后,就可以发现,这些骨干志愿者约 70% 的人,在 3～5 年的时间内总体发展不错。多数骨干升学读研,或进入重点行业工作。当然,因为样本数量有限,项目开展的范围也有限,因此,本访谈结论仅仅是针对本项目而言的。

相对应地,只有培养出更多的学生骨干,特别是志愿者组织骨干,才更有助于扩大志愿服务范围,提高志愿服务水平,帮助更多学生加入志愿者队伍,提高实践育人水平。只有如此,才能打造一批理科品牌活动,如整合院内外教育资源,形成由理科专业知名教授、专家、校友担任主讲嘉宾的"理学之光"系列讲座,为推广和提高学习数理专业知识兴趣的"数理文化节"系列活动,与理科专业知识应用相结合的"物理科学小实验"志愿服务。

四、实践活动品牌

实践育人的实施情况,主要的评价指标之一,就是学生实践活动的开展情况,特别是实践活动品牌的创建情况。一方面,体现在活动受学生欢迎情况、学生参与情况;另一方面,实践活动的开展成果方面,在全体学生、教师、校友中,得到了较为一致的肯定。在这一方面,以笔者所在学院为例,经过不断的总结提高,形成了一些具有广泛影响力的实践活动品牌。

如形成由专业知识应用激发学习兴趣的"河海大学数理文化节",以专业见习为主要内容的"理想起航"就业技能培训,由专业知名教授、专家、校友担任主讲嘉宾的"理学之光"系列讲座,提供专业知识应用实践的"科普小实验"志愿服务,拓展专业实践的"金融俱乐部"等具有较大影响力的品牌。

"河海大学数理文化节"作为实践育人的新探索具有重要意义,通过一系列与数学物理专业知识相关的游戏、比拼类活动,在全校营造浓厚的数理文化氛围,引导学生发现数学物理之美,立志学好数理知识,为推进学校"双一流"建设奠定坚实的数理科学文化基础。

"理想起航"就业技能培训类实践,从二、三年级开始,理学院开展了"理想起航"系列就业指导讲座,邀请华为、平安、新东方等知名企业人力资源专家担任主讲,对简历制作、面试技能、求职礼仪等方面进行深入培训,为本科生的就业提供详细指导,进一步帮助本科生做好职业规划和找到理想的工作。

"与理童行"科普小实验进社区志愿服务项目,旨在为学生提供将专业知识应用于实践的平台,提高学生动手能力、实践能力,面向城市社区儿童、乡村留守儿童、双职工子女等中小学生,开展科普小实验演示、科普小手工制作、科普小故事讲解等特色志愿服务活动。形成"理学院科普小实验进社区""科技联盟在线科学小实验演示""河海大学教职工子女夏令营"三个较有广泛影响力的活动品牌。

成立"数学社""物理社""金融数学俱乐部"等专业相关社团。把培养学生的实践动手能力、创新精神、创新能力摆在十分突出的位置,成立 IMath 数学社团、物理大爆炸社团、"金融数学俱乐部",真正做到"两个开放"(教师科研课题向学生开放、专业实验室向学生开放),学生"自主立项、学院资助"和"教师指导、学生参与"两种形式互为补充相互促进,打造一个覆盖全体同学、全过程分层次指导,实践育人的学生创新创业体系。

延伸阅读:

影响大学生参与社区服务意愿的因素(澳大利亚)

大学生代表了一个目标群体,有很大潜力成为志愿者。然而,主要关注描述选择志愿服务的学生的特征,导致对影响学生志愿服务决定的心理社会因素的理解有限。为了弥补这一差距,我们使用了一个众所周知的理论框架——计划行为理论(TPB)的扩展,来预测学生志愿参加社区服务的意愿。通过内容和主题分析,我们还探讨了学生志愿服务的动机和制约因素。学生($N=235$;M年龄=22.09岁)通过问卷自我报告了他们的态度、规范影响、控制观念、道德义务、过去的行为、人口特征和志愿服务意向。回归分析表明,扩展的TPB解释了67%的学生志愿服务意愿的差异。在定性分析中,主题主要代表了导致志愿服务效率低下的因素(如时间限制)。与志愿服务相关的控制观念和感知道德义务是鼓励学生志愿服务于为最需要帮助的人提供关键服务的组织的重要未来目标。

志愿服务是澳大利亚社会和经济结构的一个组成部分,每年约有7.13亿小时的志愿服务[澳大利亚统计局(ABS),2007年]。据估计,澳大利亚34%的成年人口积极参与某种形式的志愿工作,其中女性、受过高等教育、年龄在35至44岁之间的澳大利亚人参与志愿工作的比例最高(澳大利亚统计局,2007年)。志愿服务的常见原因包括帮助提高他人或社区的社会效益,以及提高满意度、获得新技能和形成新个人交际圈。鉴于志愿服务在我们社会中的重要作用[例如,继续提供基本服务的免费劳动力来源、社区参与、提高社会意识(Gage和Thapa,2012;Griffith,2010)],迫切需要继续招聘和留住志愿者。增加志愿者人数的一个策略是确定和瞄准最有潜力做志愿者的人群,其中一个目标人群是大学生。

大学生和志愿者

除了教育水平和志愿服务之间的积极联系(Wilson,2000)之外,还有鼓励学生参加社区志愿服务的培训项目,增加了学生参与某种形式的公民活动的可能性(Edwards、Mooney 和 Heald,2001;Wilson,2000)。在美国开展的大多数学生志愿服务研究,对学生志愿服务有一系列的研究成果(Smith 等,2010)。虽然不能直接与澳大利亚的研究相比,但这项研究表明,学生中有很大一部分人贡献了他们的时间。这些估计包括,高达 90% 的学生在整个大学期间的某个时候参加过志愿服务(Carlo、Okun、Knight 和 Guzman,2005),大约 80% 的大学新生在大一期间参加过志愿服务(Sax,2004),大约一半的大学新生参加过社区服务(Griffith,2010),美国大学生的志愿服务率为 30.2%(国家和社区服务公司,2006)。据报道,澳大利亚大学生的志愿服务率约为 40%(澳大利亚统计局,2007;Auld,2004;Esmond,2000;McCabe 等,2007)。这一比例高于全国公民的平均志愿服务率(34%),也高于 18 至 24 岁非学生的志愿服务率(20%)(澳大利亚统计局,2007)。

学生志愿服务的动机可能包括帮助他人和从帮助中获得的满足感(Auld,2004;Serow,1991),以及为了职业发展而学习或发展新技能或结交新朋友(Auld,2004;Gage 和 Thapa,2012;Holdsworth,2010;Smith 等,2010)。学生不参加志愿服务的原因包括时间限制(Gage 和 Thapa,2012;Simha、Topuzova 和 Albert,2011)、寻求有报酬的劳动和工作或需要学习(Auld,2004;Evans 和 Saxton,2005;Gage 和 Thapa,2012;Simha 等,2011),以及不了解可以参与的志愿服务机会和如何参与(Auld,2004;Gage 和 Thapa,2012)。对青年志愿服务的评估表明,需要对青年志愿者的动机以及如何让他们参与志愿服务进行更多的研究(Gaskin,2004;Hill、Russell 和 Bruells,2009;Wilson,2000)。

最近,Francis (2011)、Gage 和 Thapa (2012)指出,对大学生青年志愿者群体的研究是不充分的。此外,这些研究大部分关注于大学生志愿者的性格特点,而不是研究非志愿者(Smith 等,2010)或志愿服务的相关动机和限制(Cruce 和 Moore, 2007;Gage 和 Thapa, 2012),尤其是在澳大利亚(Holdsworth,2010;McCabe 等,2007)。众所周知,Clary 及其同事研究了志愿者的功能清单(VFI;Clary 和 Snyder,1999;Clary、Snyder 和 Ridge,1992;Clary 等,1998)已被广泛应用于理解志愿服务的动机和对个人的有益作用,包括在澳大利亚的背景下 (Esmond 和 Dunlop, 2004;Greenslade 和 White, 2005;McCabe 等,2007)。然而,Francis (2011)最近的一项研究表明,这些志愿服务研究成果可能不适用于当代大学生。具体来说,Francis 发现 VFI 的因素结构是不稳定的,与 Clary 等(1998)的研究结果相比,它只能解释大学生样本中11% 的志愿活动。将 VFI 应用于非志愿大学生样本时,McCabe 等(2007)发现几个函数的可靠性同样较低。此外,VFI 的重点是志愿服务的动机,而不是阻碍志愿服务的制约因素,后者对于理解为什么学生目前不参加志愿服务很重要。为此,在当前的研究中,我们采用了定性的方法,使用了两个开放式问题,探索学生志愿服务的动机和限制,而不是像 VFI 那样的既定措施。

此外,尽管志愿服务在我们的社会以及潜在的年轻人群中很重要,但澳大利亚的研究很少关注识别志愿服务的动机(Esmond 和 Dunlop,2004)或具体识别大学生志愿服务行为的预测因素(Cruce 和 Moore,2007;McCabe 等,2007;Simha 等,2011)。因此,在这项研究中,除了用定性的方法来理解志愿服务的动机和制约因素之外,我们还用定量的方法来考察澳大利亚大学生中志愿服务决定的预测因素。为了确定志愿服务的预测因素,我们建议使用一个有效的决策模型,即计划行为理论(TPB;Ajzen,1991)。

计划行为理论

TPB(计划行为理论)的一个关键假设是,人们在做出执行行为的决策时,会以理性和系统的方式评估他们可获得的信息(Ajzen,1991)。志愿服务可以被视为一种有计划的行为,因为个人在做出志愿服务决定之前会权衡与志愿服务相关的个人成本和收益(Penner,2004)。在 TPB,个人的意图被认为是其行为的主要决定因素。意图由个人态度(对行为的积极或消极评价)、主观规范(感知到的重要他人对行为的赞同/不赞同)和感知到的行为难度(PBC)(感知到执行行为的容易或困难)决定。在志愿服务的背景下,意图与行为已被证明是有一个强大的、积极的关系(Sloane 和 Davila,2007;Harrison,1995)。迄今为止,三项研究使用 TPB 来预测志愿服务,解释了澳大利亚老年人 75%(Greenslade 和 White,2005)和 55%(Warburton 和 Terry,2000)的意愿差异,以及美国学生志愿参加校园计划 66% 的意愿差异(Okun 和 Sloane,2002)。在每项研究中,态度、主观规范和 PBC 是意向的显著预测因素。此外,Greenslade 和 White(2005)比较了 VFI 和 TPB 对志愿服务行为的预测,发现 TPB 比 VFI(26%)解释了更高的百分比变化(57%)。

道德规范

除了态度、规范和控制因素,志愿服务的社会后果和相关的利他动机(Harrison,1995;Warburton 和 Terry,2000)以及个人对志愿服务的道德义务(即道德规范),这类信念也可能会影响决策(Lee、Piliavin 和 Call,1999)。道德规范在概念上不同于主观规范,它反映了一个人对实施利益行为的个人责任/义务的感觉(Manstead,2000)。作为 TPB 的补充,道德规范已经被用来成功地预测做出其他自愿行为的决定,如慈善捐赠(Smith 和 McSweeney,2007)、献血(Armitage 和 Conner,2001)和器官捐赠(Hyde 和 White,2009)。具体到志愿服务,沃伯顿和特里(2000)在他们对老年志愿者的研究中发现,包括 TPB 的道德规范可以解释志愿服务意向中 11% 的额外差异。类似地,Harrison(1995)发现,在无家可归者收容所的志愿者的无经验样本中,态度、主观规范、PBC 和道德规范等因素可以预测意向,而意向预测随后的志愿服务行为。也有证据表明,形成基于道德价值观的意图的个人可能更有可能根据这些意图来实施基于道德的行为(Godin、Conner 和 Sheeran,2005)。

当前的研究

在目前的研究中,我们使用了一个扩展的 TPB 道德规范来识别澳大利亚大学生志愿服务时间意向的预测因素。虽然我们对意图的关注并不理想,但意图与志愿服务行为有着紧密的联系(Sloane 等,2007),在社会背景下会更加的紧密(Ferguson,1996;Schlumpf 等,2008)。据推测,那些态度更积极、感受到更多规范压力或支持、对自己的志愿服务能力更有信心、并感受到志愿服务的道德义务的学生更有可能在未来志愿服务社区。该研究调查了过去的志愿服务行为和人口统计特征(如年龄、性别、种族、婚姻状况和宗教价值观)对志愿服务决定的潜在影响(Cruce 和 Moore,2007;Gillespie 和 King,1985),我们在回归分析中控制了这些变量。此外,为了避免使用经过验证的量表对理解学生志愿服务施加先入为主的动机的潜在限制(Francis,2011),我们使用内容和主题分析探讨了学生志愿服务的动机和限制,以及学生过去志愿服务的组织。了解学生志愿服务的原因和阻止志愿服务的制约因素将有助于更深入地理解所获得的定量研究结果。

方　法

参与者和程序

参与者(N=235)为 44 名男性和 190 名女性(1 名未说明性别,年龄 M=22.09 岁;SD=7.13 岁),大多数是高加索人(90%),未婚(78%),学生从澳大利亚的维多利亚大学获得心理学学位。如果他们是合格的志愿者,参与者通过大学生心理学研究体验项目被邀请完成在线或纸质形式的问卷。志愿服务的资格被定义为在医学上(身体健康)和法律上(没有犯下严重罪行)能够志愿为社区服务。学生们完成了一份调查问卷,其中包括评估扩展的 TPB 测量法、过去的志愿者行为和人口统计学特征。在进行研究之前,从大学人类研究伦理委员会获得伦理批准。所有参与者都被告知他们参与的匿名性和自愿性,如果他们选择退出,他们可以自由退出而不会受到处罚。

60名(26%,1名未具体说明)学生在过去的一年中在社区组织/服务中做过一些志愿者工作。这些学生列出了他们志愿服务的组织以及他们选择志愿服务的原因。学生们报告说,志愿活动主要是为一些组织(例如生命线、癌症理事会,$n=23$)提供社区支持,以促进个人身体健康和精神健康(例如,电话咨询/危机热线)、老年护理设施、娱乐和户外组织(例如,残疾人骑马、当地篮球俱乐部、导游)、宗教/精神组织(例如,当地教堂、圣心会)和社区筹款(例如,为红十字会、星光基金会宣传呼吁)。

措　施

所有的 TPB 测量(Armitage 和 Conner,2001)都采用 7 点量表(0~6分)进行评估,并进行编码,除非另有说明,否则较高的值反映了被测变量的较高水平。克朗巴赫阿尔法值高于 0.70 时,所有量表都是可靠的。表 5-1 列出了标度平均值、标准偏差和克朗巴赫阿尔法值。

TPB(计划行为理论)

从四个方面评估未来社区志愿服务的意愿强度。这些项目是:"我计划未来参加社区志愿服务",0 不太可能到 6 可能;"我期待未来会参加社区志愿服务",0 不太可能到 6 可能;"我想成为一名社区志愿服务者",0 不太可能到 6 可能;"你将来志愿参加社区服务的可能性有多大",0 不太可能到 6 可能。六个向量,7 分语义差异格式项目用作态度的衡量标准(我未来的社区服务志愿活动将是:坏—好,有害—有益,不愉快—愉快,消极—积极,不愉快—愉快,无用—有用)。主观常模由三个项目组成,这些项目是:"对我来说重要的人会希望我将来志愿参加社区服务",0 不太可能到 6 有可能;"对我重要的人认为我",0 应该志愿做社区服务到 6 以后不应该志愿做社区服务(反向得分);"对我来说重要的人会不赞成我志愿参加社区服务,也会赞成我将来志愿参加社区服务"。六个项目测量 PBC 的结构,这些问题是:"你对自己将来能志愿参加社区服务有多大信心?",0 表示不太自信到 6 表示非常自信;"你觉得自己对未来的社区志愿服务有多大的个人控制力?",0 无控制到 6 完全控制;"我相信我有能力在未来志愿为社区服务",0 肯定不要到 6 肯定要;"你在多大程度上认为自己有能力在未来从事社区志愿服务",从 0 非常没有能力做志愿者到 6 非常有能力做志愿者;"如果由我来决定,我相信我将来能够志愿为社区服务",0 非常不同意到 6 非常同意;"我是否志愿参加社区服务完全由我决定",0 强烈反对到 6 强烈同意。

道德规范

道德规范用三个方面来衡量。这些项目是:"如果我将来不志愿参加社区服务,这将违背我的原则",0 强烈反对到 6 非常赞同;"如果以后不去做社区服务志愿者,我会有负罪感",0 非常不同意到 6 非常同意;"如果我不志愿参加社区服务,那在道德上是错误的",0 强烈反对到 6 强烈同意。

· 过去的行为

参与者回答过去是否参加过社区服务[在过去的一年中,你是否为社区(即社区服务)组织做过志愿工作?],使用 1 是/0 否的回答格式。

· 人口特征

参与者报告了他们的年龄、性别(编码为 1 男 2 女)、种族(编码为 1 个高加索人和 2 个非高加索人)、婚姻状况(编码为 1 个未婚和 2 个已婚)以及宗教在他们生活中发挥重要作用的程度(0 分完全不重要到 6 分非常重要)以供分析。

· 志愿服务的动机和限制

为了更好地了解学生志愿服务社区的动机,学生们在两个自由回答问题中报告了他们过去志愿服务的地方和原因("请指出你曾与哪些志愿组织合作,为什么?")以及他们目前不做志愿者的原因("如果你不在自己的社区做志愿者,你的原因是什么?")。

· 数据分析策略

初步考虑了预测变量和因变量、均值和标准差之间的二元相关性。考虑到一些受访者在过去一年中曾参与志愿活动(即志愿者,$n=60$),而大多数没有(即非志愿者,$n=174$),我们进行了独立组 t 检验,Bonferroni 调整,以测试志愿者和非志愿者对扩展 TPB 变量的平均反应是否有差异。为了确定未来社区服务志愿时间意向的预测因素,我们在第一步中对过去的行为、年龄、性别、种族、婚姻状况和宗教重要性进行了分层多元回归控制,然后在第二步中输入态度、主观规范和 PBC,在第三步中输入道德规范。我们进行了额外的回归分析,以确定志愿服务意向的预测因素是否仅对那些以前没有志愿服务的受访者有所不同(我们没有对那些已经志愿服务的受访者进行单独的回归分析,因为鉴于受访者人数较少,结果可能不可靠)。我们使用内容/主题分析(Joffe 和 Yardley,2004)来理解为什么学生过去参加过志愿活动,为什么他们现在不参加志愿活动。对这两个开放式问题的回答最初由第一作者和一个与项目无关的

表 5-1　志愿服务的预测变量和因变量之间的均值、标准差、克朗巴赫阿尔法值和双变量相关性

可变的	M	南达科他州	1	2	3	4	5	6	7	8	9	10	11
1. 目的	3.60	1.47	(0.96)										
2. 态度	4.36	1.12	0.64***	(0.93)									
3. 主观规范	3.74	1.07	0.60***	0.58***	(0.78)								
4. 违行难度认知	4.47	1.02	0.65***	0.56***	0.55***	(0.85)							
5. 道德规范	2.36	1.50	0.49***	0.32***	0.39***	0.18**	(0.84)						
6. 过去的行为	—	—	0.40***	0.32***	0.29***	0.28***	0.17***	—					
7. 年龄	22.09	7.13	0.06	0.07	-0.10	-0.01	-0.10	0.05	—				
8. 性别	—	—	0.19**	0.16*	0.07	0.08	0.17*	—	-0.03	—			
9. 族裔	—	—	0.03	-0.01	0.09	-0.05	0.05	—	-0.08	—	—		
10. 婚姻状况	—	—	0.19**	0.08	0.04	0.13	-0.02	—	0.32***	—	0.22***	—	
11. 宗教重要性	1.79	1.94	0.15*	0.21**	0.19**	0.05	0.27***	0.13*	-0.05	0.01	0.22***	-0.05	—

注：所有项目均按 7 分制评分，分数越高，表示对每一项目的认可程度越高；克朗巴赫的阿尔法值（在适当的情况下）显示在括号中；PBC＝感知行为控制。

外部编码员独立编码。接下来,讨论并解决了编码中的任何变化,以便每个作者的编码任务都是对应的。最初,我们使用内容分析来确定常见的回答,然后根据潜在的主题对这些回答进行分组。例如,"获得经验""为了我和我的学习""想成为一名心理学家,认为这将有助于我的经历"和"看看我是否有兴趣在那个领域就业"。这些答复被归类为"发展就业/学习技能"主题。

结果:定量分析

态度、主观规范和 PBC 的 TPB 预测因子与未来志愿参加社区服务的意愿显著正相关,其中态度和 PBC 是最强的相关因素(表 5-1)。对相关矩阵的检验揭示了道德规范与态度的 TPB 变量、主观规范和 PBC 之间的显著正相关。独立小组的 t 检验显示,在过去一年中有和没有志愿服务的参与者对扩展的 TPB 结构的平均反应存在显著差异,志愿者在态度、主观规范、PBC、道德规范和志愿服务意向方面具有更高的平均值(表 5-2)。考虑到这些差异和志愿者人数较少,我们在随后的分析中控制过去的志愿者行为,包括每个组的单独回归分析。

表 5-2 　过去一年中作为志愿服务经历函数的扩展 TPB 测量的均值、
标准差和 t 检验(志愿者与非志愿者)

措施	志愿者 $(n=60)m$(标清)	非志愿者 $(n=174)m$(标清)	t	p
目的	4.61 (1.13)	3.25 (1.42)	6.70	0.001
态度	4.96 (1.00)	4.16 (1.08)	5.07	0.001
主观规范	4.27 (1.04)	3.56 (1.02)	4.64	0.001
施行难度认知	4.95 (0.79)	4.30 (1.03)	4.45	0.001
道德规范	2.80 (1.63)	2.21 (1.44)	2.66	0.008

注:扩展的 TPB 项目用从 0 到 6 的 7 分制来衡量;PBC=感知行为控制。

过去的行为和演示特征的线性组合,解释了第一步中志愿服务意向的 24%[($R2=0.24$),$F(6,222)=11.51, p<0.001$],包括态度、主观规范。第二步中的 PBC 解释了另外 36%($R2=0.60, DR2=0.36$)的意向变异,$DF(3,219)=66.05, p<0.001$。在第三步中加入道德规范显著提高了对志愿服务意向的预测,解释了 7% 的方差,$DF(1,218)=43.97, p<0.001$。一旦所有的变量都进入了方程,对未来社区志愿服务意愿的显著预测因子依次为 PBC、道德规范、态度、过去行为、主观规范和婚姻状况。其余的人口统计学特征对最后一步的志愿服务意向没有显著的预测作用。总的来说,预测因子解释了未来志愿

服务意向中 67% 的变异(表 5-3)。对非志愿者进行了一项额外的回归分析,旨在探索该组的意向预测因素是否不同。预测值的输入顺序与上述顺序相同。一旦所有变量都进入方程,除了主观规范仅接近显著性($p=0.07$)并解释了志愿服务意向中 62% 的变异外,意向的显著预测因子与整个样本相同。

关于内容/主题分析,共有 234 名学生回答了开放式问题。具体来说,60 名参加志愿活动的学生回答了过去一年志愿活动的动机,174 名没有参加志愿活动的学生回答了 2010 年志愿活动的限制因素。每个参与者能够提供一个以上的答案,然而如果一个参与者多次提到同一个回答,它仅被计算一次。

表 5-3 预测志愿服务意向的分层回归分析

步骤		$R2$	$DR2$	B	SE	β
1.	过去的行为	0.24	0.24***	1.33	0.20	0.39***
	年龄			−0.00	0.01	−0.02
	性别			0.63	0.22	0.17**
	种族划分			−0.14	0.30	−0.03
	婚姻状况			0.62	0.23	0.17**
	宗教重要性			0.09	0.05	0.12
2.	过去的行为	0.60	0.36***	0.56	0.16	0.17***
	年龄			0.01	0.01	0.03
	性别			0.34	0.17	0.09*
	种族划分			0.02	0.22	0.00
	婚姻状况			0.37	0.17	0.10*
	宗教重要性			0.02	0.03	0.02
	态度			0.34	0.08	0.26***
	主观规范			0.30	0.08	0.22***
	施行难度认知			0.45	0.08	0.31***
3.	过去的行为	0.67	0.07***	0.49	0.14	0.14**
	年龄			0.01	0.01	0.05
	性别			0.19	0.15	0.05
	种族划分			0.08	0.20	0.02
	婚姻状况			0.37	0.15	0.10*
	宗教重要性			−0.02	0.03	−0.03
	态度	0.29	0.07	0.22***		
	主观规范	0.17	0.08	0.13*		

步骤		$R2$	$DR2$	B	SE	β
	施行难度认知	0.49	0.08	0.34***		
	道德规范	0.29	0.04	0.30***		

注:PBC=感知行为控制。

关于学生过去参加志愿活动的动机,对过去一年中学生志愿服务原因的答复进行内容/主题分析($n=60$,提供了92份答复),从数据中得出九个主题。学生们最常提到他们选择志愿服务是因为他们希望帮助那些他们认为不如自己幸运的人,通过花时间与他们在一起让别人感觉更好(例如,"孤独的老人"),以及回馈或造福他们自己或另一个社区。这些回答体现了想要帮助他人/支持社区的第一个主题(29%的回答)。例如,"我志愿为一个无家可归者收容所提供膳食。我觉得我应该帮助那些不如我的人。对于一些学生来说,志愿服务的决定是基于选择对他们个人有意义的志愿服务机会,例如在他们孩子上学的学校或他们自己上学的学校帮忙,因为朋友或家人的要求而为某个组织志愿服务,或者为过去或将来可能为他们/他们所爱的人提供服务的特定组织志愿服务(例如,为一个帮助患有抑郁症的家庭成员的组织做志愿者)。第二个主题"个人相关性"概括了这些原因(18%的回答)。例如,"我哥哥做了脑部手术——这是我们(为医院做志愿者)的回报方式"。

第三个主题是便利性(14%的受访者),学生选择投入最少时间的志愿活动(例如,参与敲门呼吁),选择在某个组织或与个人已经参与的活动或计划相关的志愿活动机会(例如,体育协会、教堂、学校安置、工作场所),选择为位于当地的组织志愿服务(例如,"当地养老院""离家近的某个地方")。例如,"我喜欢亲自帮助别人,我已经成为这个组织的成员大约12年了。我感受到了社区的好处。"其他学生报告说,他们参加志愿活动的原因不是为了方便,而是因为选择了一项本质上令人愉快的活动,这使他们能够与他们喜欢一起工作的特定人群(如儿童)共度时光,并提供了与朋友一起参加志愿活动的可能性,这代表了第四个主题"快乐"(11%的答复)。例如,"我过去和贸易伙伴一起做过志愿者——卖手工艺品,把利润分给世界各地的弱势群体,主要是女性,我觉得这很重要,甚至很有趣"。

几个学生选择志愿加入一个组织,这为获得学习或未来就业所需的技能或经验提供了机会(例如,生命线电话咨询),代表了发展就业/学习技能的第五个主题(9%的答复)。例如,"我的大多数家人都患有抑郁症,我想成为一名心理学家,我认为这将有利于我的经历"。导致积极结果的志愿服务的其他原因包括结识新朋友、获得新的或不同的体验,以及提高对其他人生活条件的认识,所有这些都是第六个主题的范例,获得新的体验或提高认识(6.5%的答复)。例如,"我自愿去认识新的人,享受新的经历"。第七个主题是道德、伦理或宗教原因(6.5%的回答),包括学生基于感知的个人道德或伦理义务(例如,"说不"时感到内疚)或作为其精神/宗教信仰的一部分(例如,"召唤帮助他人")而选择志愿服务。比如,"他们打电话问我愿不愿意(志愿)去,如果我拒绝了,我会感觉很糟糕"。剩下的两个主题,个人成长/挑战(主题8;3%的回答)和对组织价值/工作的信念(主题9;3%的回答),代表了一些学生希望获得一个他们认为具有挑战性或自我实现的机会,他们决定成为志愿者是因为他们相信选择的组织分别提供重要的服务(例如,"他们做重要的工作")。例如,"我觉得他们在预防自杀方面为需要指导的人提供了很好的服务"。

学生的限制阻碍了志愿服务,在过去一年中没有参加志愿活动的学生($n=174$,提供了237份答复)报告了他们选择不参加志愿活动的原因。对答复的内容和主题分析,从而在数据中确定了六个主题。学生报告的不参加志愿活动的最常见的原因是没有时间参加志愿活动,第一个主题是时间限制(68%的答复)。时间限制的例子包括有单独或同时的工作和学习任务,几乎没有时间从事其他活动,有其他优先事项或义务,如需要优先考虑照顾者或家庭责任,需要有社交生活或见朋友,以及感觉被当前的任务淹没。例如,"在大学和工作之间,我几乎没有时间去志愿参加社区服务"。第二个主题是缺乏志愿服务的动机/兴趣(13%的回答),代表学生认为他们太懒或懒得去做志愿服务。其他学生做出了不志愿服务的决定,因为他们不想或者觉得没有机会/兴趣,或其他重要性的问题能激励他们去做志愿者。一些学生认为他们所在的社区相当富裕,认为没有必要去志愿服务。例如,"我真的不想被打扰"和"因为我有很多工作要做,我破产了,我认为我的社区相当富裕"。

第三个主题是缺乏对志愿服务的认识/知识(7%的答复),这体现在学生缺乏关于如何确定和找到合适的志愿服务组织、如何与这些组织接洽以安排志愿服务的知识,以及缺乏对志愿服务过程所涉及内容的了解。其他学生以前没有考虑或想过志愿服务。例如,"我不知道从哪里开始,或者哪里是我做志愿者的好地方"。一些学生的回答与志愿服务的不可行性有关,并形成了第四个主题"不便"(占回答的5%)。一些学生认为志愿服务是一件麻烦或不切实际的事情,而另一些学生由于交通不便,很难获得志愿服务的机会。一些学生还认为,有更方便的方式来回报社区,如捐款。比如"太多其他奉献,我捐钱尽一份力"。

第五个主题与志愿服务的情感成本有关(占回答的 4%)。一些学生预计,与那些不如自己幸运的人一起工作,他们会感到苦恼或沮丧。其他参与者以前或现在从事相关领域的工作(如社区服务、心理学家),他们觉得自己的经历在情感上已经枯竭。这些学生认为他们需要关注自己的幸福,而不是他人的需求。例如,"我的工作有益于社区。我的工作是有报酬的,但是这份工作对我的身体和精神状态来说都是一种负担"。确定的第六个也是最后一个主题是财务考虑(3%的回答),代表了学生的担忧,即鉴于他们的财务状况(例如"破产"),他们需要为工作获得报酬,并且对他们来说,为钱工作比不为钱工作更重要。例如,"我更喜欢有报酬的工作,但我觉得我无法将社区工作与我的其他义务结合起来"。

讨 论

在进行这项研究时,我们旨在通过增加对大学生志愿社区服务意向的预测因素以及该人群志愿服务的动机和制约因素的了解,来填补文献中的空白。与之前的志愿服务研究一致,(Greenslade 和 White,2005;Harrison,1995;Warburton 和 Terry,2000),我们使用了一个扩展的 TPB 纳入道德规范(同时控制过去的行为和人口特征)来预测学生的志愿服务意图。扩展的 TPB 解释了学生未来志愿服务社区的意愿的 67% 的差异,这一数量与先前使用 TPB 及其扩展来更广泛地预测志愿服务(Warburton 和 Terry,2000)和学生志愿服务(Okun 和 Sloan,2002)的研究相一致。与之前的研究(Harrison,1995)一致,态度、主观规范、PBC 和道德规范是意向的重要预测因素。过去的行为和婚姻状况也显著地预测了意图。总的来说,研究结果为扩展 TPB 预测值和志愿服务时间意向之间的假设关系提供了强有力的支持。积极评价志愿服务的学生认为,对他们来说重要的其他人支持志愿服务,志愿服务是在他们的能力和技能范围内的,在道德上有义务志愿服务,过去曾志愿服务过,并且已婚,对未来志愿服务社区有更强烈的意愿。

为了进一步了解学生的志愿行为,我们使用内容/主题分析来确定与志愿服务动机和目标中的限制因素相关的主题人口。动机与先前的研究一致,如想要帮助他人(Auld,2004;Serow,1991),发展就业技能(Gage 和 Thapa,2012;Holdsworth,2010),以及宗教或道德价值观(Gillespie 和 King,1985)。其中一些动机也可以与 VFI 等有效措施中确定的功能相匹配。例如,帮助他人/支持社区、获得新体验/增强意识、个人成长/挑战、发展就业/学习技能、享受和道德/伦理/宗教原因分别对应于价值、理解、提高、职业、社会和保护的六个 VFI 功能（Clary 和 Snyder，1999）。虽然与先前文献的一致性显而易见，但也发现了文献中较少引用的其他动机，如个人相关性、便利性和对组织价值观/工作的信念。潜在的，这些额外的动机可能已经被识别，因为参与者解释了开放式问题（"请指出你与哪些志愿者组织合作，为什么？"）询问他们为特定组织做志愿者的原因，而不是更广泛地做志愿者。同样，还确定了志愿服务的一系列制约因素，包括缺乏时间（Gage 和 Thapa，2012）、缺乏对志愿服务的认识或了解（Auld，2004）以及财务考虑，如需要找到有报酬的工作（Simha 等，2011）。这些限制与之前的研究一致。已确定的其他制约因素，包括对志愿服务缺乏动力或兴趣，以及志愿服务的情感成本，很少受到研究关注。

基于主要发现的建议，以改善学生志愿服务，总之，定量和定性研究结果提供了未来干预的几个关键方面。首先，研究结果强调了对志愿服务的控制感或效能感的重要性。具体来说，在预测能力方面，PBC 相对于其他预测来说，具有最大的权重，这表明学生对自己志愿服务能力的信念强烈地影响了他们的志愿服务意图。此外，志愿服务的所有制约因素都与效率（或缺乏效率）有关。许多学生认为他们缺乏志愿服务所需的必要资源，特别是时间、经济支持和对志愿服务机会的认识。在这个例子中，人们认为志愿服务需要大量的时间投入和长期的承诺。应该鼓励学生们考虑更环保或更自然的志愿服务机会。例如，像上门募捐这样的志愿活动涉及量化的时间投入，在参与之前设定个人完全了解的任务，以及有机会在志愿者方便的时候实施该行为。同时，这种类型的活动为个人可能志愿服务的慈善机构/组织提供了显著的好处。定性研究也有助于了解学生对志愿服务的看法，以及在一些学生缺乏动力的情况下，如何鼓励他们重新审视自己对志愿服务的想法。继续将正式和非正式的工作整合学习机会纳入学位课程，特别是那些将学生与非营利或慈善组织相匹配的课程（即服务学习；例如，Smith 等，2009）不仅将确保大学中的志愿服务成为更多的规范实践（Francis，2011），还可能有助于增加学生志愿服务的机会、时间和动机，以及促进社会意识。

除了对控制、态度和潜意识的理解，主观规范是志愿服务意向的决定因素，表明更积极的态度和对重要他人认可的感知可能会鼓励志愿服务意向。学生们报告说，对他们的时间有太多的要求，包括工作、学习和家庭责任，并认为志愿服务会给他们带来额外的成本（例如，经济上）。为了克服志愿服务是一种

"成本"的观念,可以鼓励学生通过考虑志愿服务如何融入他们的生活(例如,通过与朋友或通过大学志愿服务),选择有意义和与个人相关的志愿服务机会,并允许有时间与家人和朋友相处,来培养更积极的态度。选择有家人参与的志愿活动机会对那些已婚学生来说可能特别重要,因为在目前的研究中,已婚学生更有可能去做志愿者。

作为预测的第二个重要方面,相对于其他预测因素,道德规范是另一个强有力的意向决定因素,这表明那些认为自己有道德义务去做志愿者的学生最有可能去做志愿者。作为定性回答的一个主题,对志愿服务的负罪感/义务感也很明显。总之,这些结果表明,道德规范可以以多种方式表现为帮助他人的个人信念,不能拒绝志愿服务的机会,为个人或亲人获得的利益和服务"回报"组织的义务,以及帮助他人的宗教义务的一部分。未来旨在增加学生群体志愿服务的干预措施,可能希望强调一个人帮助他人的道德或宗教价值观与他们缺乏志愿服务的意图(以及最终的行动)之间的差异。或者,要求人们考虑志愿者类型的品质(例如,具有强烈伦理或道德价值观的人),以及这些品质是否可以用来描述自己,这可能是鼓励志愿服务的一种有效方式(Hyde 和 White,2009)。

局限性和结论

尽管这项研究的优势在于使用了定量和定性方法来理解志愿服务,并对学生志愿服务的组织以及学生群体中志愿服务的动机和限制提供了更深入的了解,但这些发现应该根据局限性来解释。这些限制包括女性人数较多(女性可能比男性更有可能成为志愿者),这种模式在不同国家存在差异(例如,Einolf,2011;Wilson,2000),在郊区(例如,Wilson 和 Spoehr,2009)和受过教育的白人心理学学生,他们接受了更高水平的教育并选择了未来的职业,可能更倾向于志愿服务。对自我报告的依赖和对澳大利亚学生群体的关注,也限制了研究结果超出这一人群的普遍性。此外,我们在同一样本中,包括志愿者和非志愿者(同时控制过去的志愿者行为),有一些迹象表明,在未来的研究中,分别检查志愿者和非志愿者的动机可能是重要的,因为与其他志愿行为类似,启动和维持学生志愿行为的重要因素可能会有所不同(例如,White、Hyde 和 Terry,2008)。

然而,这项研究的主要限制是缺乏对志愿者行为的前瞻性测量。虽然不是对行为的衡量,但以前的研究表明,意图是与志愿服务行为最一致的预测因素(Greenslade 和 White,2005;Harrison,1995;Warburton 和 Terry,2000),当意图可以作为一个代理措施的行为时,实际行为没有衡量(Sloane 等,2007;Schlumpf 等,2008)。在这项研究中,我们采用了一个更一般的行为定义(即未来的志愿服务),但重要的是从目标、行动、背景和时间的角度来定义感兴趣的行为(Ajzen,1991)。为志愿服务行为确定一个具体的时间框架,可以进一步提高参与者回应的准确性和可靠性。未来关于学生群体中志愿服务决策的研究,应该招募更具代表性的学生样本,包括更高比例的男性和非高加索参与者,以及来自不同学科的学生,更重要的是,提供一个志愿服务意图—行为关系的测试。

　　总的来说,本研究为扩展的 TPB 模型提供了强有力的支持,该模型结合了道德规范来预测学生的志愿服务意图,并减少了对学生志愿服务决定背后的心理社会动机和约束的理解差距。具体来说,这项研究的结果强调了控制/效能和道德规范作为未来干预目标的相对重要性。继续探索学生关于志愿服务的决策,以及鼓励他们加强志愿服务动机的方法,对于确保志愿者继续向慈善和非营利组织提供重要服务至关重要,以便他们可以帮助和支持有需要的人。

　　(译自 Hyde M K,Knowles S R. What predicts Australian university students intentions to volunteer their time for community service Australian Journal of Psychology,2013)

第六章
大学生少儿科普服务案例——理学院科普小实验进社区

第一节 项目简述

河海大学理学院开展"启明星"科普小实验进社区项目,始于 2016 年,它以"品科学之美,伴少年成长"为宗旨,依托于理学院物理实验中心师资力量,以志愿公益为原则,主要服务内容是向孩子们展示科学小实验、介绍科普原理并协助小朋友动手做实验。

2016 年,在与南京市江南青年城社区联合开展活动的过程中,社区提出开展社区儿童的课后辅导,并探讨了开展的时间、地点、形式等方面,也得到了南京市和润社会工作中心的支持,遂决定于 9～10 月份开展科普小实验进社区演示志愿服务活动。由河海大学理学院组织大学生志愿者,经过培训,每周六、周日赴社区,开展科普小实验的演示活动。

2017 年,学院志愿者团队在江南青年城社区,继续定期进行科学小实验志愿服务活动。每一次活动组织 3～5 名大学生志愿者,经过系统培训后,担任科普讲师。活动中,大学生志愿者自带科普材料,在科普演示的过程中,助教负责维持现场秩序,家长陪同孩子参与活动。此活动注重科学小实验的积累,关于如何选择科普小实验,一方面,原理要简单,便于直观演示,儿童能够看得懂,个别小实验,儿童可以动手参与操作;另一方面,科普小实验要没有任何危险性,个别小实验需要用到化学试剂、电子材料等,可能会给少年儿童带来人身危险,为坚持安全第一,应避免所有可能产生人身危害的小实验。在此年度的活动开展中,做了"掌中握火""上升的氢气球"等经典小实验,既没有危险性,又受到少年儿童的喜爱。

2018年,在江宁区秣陵街道的江南青年城社区、牛首社区、同里社区等,继续开展科普小实验进社区的演示志愿服务活动,在此基础上,还组织开展了科普小实验专题支教活动。在暑期,组织大学生科普支教队,赴云南省景洪市景哈乡中心小学支教,做了自制全息投影、小苏打吹气球和热胀冷缩的空气等实验。9月,该科普志愿服务活动受邀参加了由江苏省宣传部、省文明办、省民政厅、共青团江苏省委联合主办的第三届江苏志愿服务展示交流会,在会上,向全体与会嘉宾和领导全面介绍了本科普服务项目。项目受到了团省委、省科协、校团委领导的肯定和鼓励,接待参观者达千人次,并获得了优秀展示项目称号。同时,项目还受邀在2018年全国科普日江苏省主场进行展示,通过发放宣传手册、现场实验演示、专题介绍等方式,展示了"七色试管""磁悬浮列车""水果发电""跳舞的小人"等有趣的科学小实验,受到参观群众和领导的一致好评。

2019年,科普小实验进社区志愿服务的范围进一步扩大,在江宁区秣陵街道、东山街道、谷里街道等开展科普志愿服务。7月,在校团委、校工会的支持下,举办了河海大学2019年教职工子女"科普小实验夏令营"活动,在为期三天的科学小实验夏令营活动中,来自各学院、各部门的75名教职工子女参加了本次活动,年龄范围在2~15岁,分为四个班级。对幼儿园大班开设了编程机器人课程,从组装机器人开始,指导学员可以利用手机掌控机器人,并在此基础上设计小游戏,逐步加大编程难度。此外,还有光的科学小实验,制作简易磁悬浮列车,认识酸碱的小实验,传统益智游戏——孔明锁和九连环,传统棋类游戏五子棋和象棋等。8月,组织开展了科普专题支教,开展了问卷调研,发放调查问卷500份。

2020年,科普小实验进社区志愿服务的范围再一次扩大,在江宁区秣陵街道、东山街道、谷里街道,河海大学幼儿园、金陵中学河西分校小学部等开展科普志愿服务,并在河海大学幼儿园建立了科普志愿服务基地。7月,组织科普小实验支教团,共分为10支队伍,分别在山东省、陕西省、山西省、河南省、江苏省、安徽省、四川省以及江西省这八个省份开展活动,累计开展活动28次。发放调查问卷500份。10月,申请了中央高校科研业务科普专题项目,并得到了支持。

2021年,在江宁区汤山街道新建立了2个科普小实验志愿服务基地,并开展定期志愿服务活动。受新冠疫情的影响,科普进社区的开展频率受到了影响,志愿者同时开展运营线上科普活动,不定期发布科普文章,拍摄科普短视频等,探索科普新形式。7月,组织科普小实验专题支教团,前往江西省萍乡市腊市镇中心小学、陕西省西安市临潼区新田村田市小学、广西壮族自治区桂林市两河乡两河初级中学、南京市江宁区汤山街道等多地,开展"三下乡"实践活动。项目参加了江苏省青年志愿服务项目大赛,获得了关爱留守儿童类二等奖。

2022年,受疫情影响,科普志愿服务的线下服务活动部分暂停。在丹佛小镇社区,继续开展科普服务活动,项目吸引研究生志愿者加入,扩大了志愿者队伍。7月,科普志愿服务支教团,吸引了来自河海大学、上海交通大学、武汉大学、同济大学、南开大学、哈尔滨工业大学等十多所高校的学生参与,前往陕西省渭南市桃园小学、广西壮族自治区桂林市桂林拔萃环球书院等全国各地乡村地区开展"三下乡"实践活动。

项目实施以来,取得了较为满意的成效,吸引了来自河海大学、上海交通大学、武汉大学、同济大学、南开大学、哈尔滨工业大学等十多所高校的近400名大学生志愿者的参与,培养出了一批优秀大学生志愿者,近百名志愿者骨干被保送读研,涌现出了江苏省大学生年度人物杨涛等一批骨干,取得了良好的社会效益,受到了服务社区、学校、乡村的一致好评。项目荣获2020年度河海大学优秀志愿服务项目、河海大学大学生志愿者暑期文化"三下乡"社会实践活动优秀团队、河海大学大学生志愿者暑期文化"三下乡"社会实践活动优秀社会实践基地、江苏省暑期社会实践优秀团队、江苏省青年志愿服务项目大赛关爱留守儿童类二等奖等。此外,本项目发表了论文2篇,形成调查研究报告4篇,研究专辑1部。

第二节　调查与实践

一、研究综述

在理论研究方面,开展关于大学生志愿者进行科普小实验志愿服务活动的现状研究,分析国内有关学者已经开展的研究现状,探索新时代背景下,开展大学生志愿者进行科普活动的理论依据和指导,并进行问卷调查,分析研究提高科普成效的途径。

自 2019 年以来,连续组织开展了科普调查问卷,调查的范围包括山东德州、山西忻州、陕西西安、河南焦作等 10 个省市。此次调查覆盖范围广,本着实事求是、务实创新的原则,以发放纸质调查问卷和网上问卷调查的方式进行,共收集 490 份有效问卷。其中,调查对象的地区分布为城镇社区人口占 52%、农村人口占 24%、其他地区占 24%,年龄分布为 10～12 岁占 47%、9 岁及以下占 30%、12 岁以上占 23%。

在 2020 年,有来自南开大学、同济大学、哈尔滨工业大学、河海大学等 9 个学校的 32 名志愿者组成"启明星"科普团,共分为 10 支科普小队,分别在山东省、陕西省、山西省、河南省、江苏省、安徽省、四川省以及江西省这八个省份开展活动,累计开展活动 28 次。为了全面了解广大少年儿童和家长对科普活动的认识和参与情况,"启明星"科普团还向参与活动的孩子发放问卷调查表,发放了调查问卷 500 份,其中,回收有效问卷 445 份。

2021 年,科普团规模进一步扩大,志愿者们来到山东省、陕西省、广西壮族自治区、广东省、河南省、江苏省、安徽省、辽宁省、贵州省、福建省、湖北省以及江西省这十二个省份开展科普活动,累计开展活动 42 次,收集得到 964 份有效问卷。其中,调查对象的地区分布为城市人口占 36%、乡镇人口占 28%、农村人口占 36%,年龄分布为 3～6 岁占 27%、6～12 岁占 19%、13～15 岁占 34%、16 岁以上占 20%。

到了 2022 年暑期,科普团来到了陕西省渭南市桃园小学、广西壮族自治区桂林市桂林拔萃环球书院、重庆市垫江县永安镇建新村、山东省栖霞市官道镇、河北省邢台市任泽区永福庄乡、云南省大理州大理市湾桥镇上阳溪村和河南省郑州市春藤社区开展活动,搜集得到 250 份有效问卷。

二、调查数据分析

关于调研数据,为了能够更加说明调查的变化,特别是数据的相互验证,保证数据的真实性,调查问卷的具体内容,4 年来没有进行较大幅度的修改,基本上保持了一致性。其中,需要说明的是,2019 年的调查问卷的数据是纸质版的,没有进行存档,不进行纵向的比较研究。下文中,我们将主要对 2020—2022 年的调查数据进行比较研究。

近年来,越来越多的大学生加入科普志愿活动中,科普团规模不断扩大,且前往的省份不断增加,为越来越多的中小学生带去有趣的科学实验与知识。但根据数据可以发现,科普活动的覆盖范围仍不够广泛。2020 和 2021 年均为 60％左右,而 2022 年参加过科普活动的学生只占半数,比起前两年略有降低,这可能与调查的地区有关。而其中农村学生参加过科普活动的占比增加,这说明虽然农村地区由于地理位置偏僻、经济水平较为落后、设备条件较差等问题,科普活动的普及工作有一定的困难,但是我国的科普事业仍在农村继续发展。

关于科普主要涉及的知识与参与感受方面,现有的科普活动涉及的知识类型仍然主要是物理、环保、航天以及安全知识这四种。从图 6-1 可以看出,物理知识和安全知识占比较高,然而这并不意味着孩子们对这些知识更感兴趣,只能说明现阶段的科普活动还不能囊括更多领域的知识,还不能满足孩子们所有可能的兴趣。而且小朋友们获得知识的窗口期很长,如果这些主题长久不变,那么孩子们必然会厌倦参加讲座或者是做小实验。

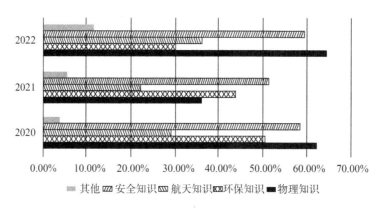

图 6-1 科普活动涉及的知识类型

关于参加过的科普活动的组织开展问题方面,科普活动的发起者仍过于单一(图 6-2)。调查表明,科普活动的组织者有学校、社区及村委会、政府机构、科技馆,但社会科普活动的主要推进者为学校以及社区或村委会,分别代表传统教育机构和居民聚居区,这类对象的特点是与学生接触较多,关系密切,了解学生需求,家长反馈情况和提出意见方便。而由政府机构、科技馆举行的活动相比之下数量较少。而且,从活动的场地来看主要也是学校和社区,说明活动的地点具有局限性,科技馆这类以科学为主题的地方很少举办科普活动。部分是因为科技馆的数量较少,难以同时满足数量庞大的学生群体的科普工作。

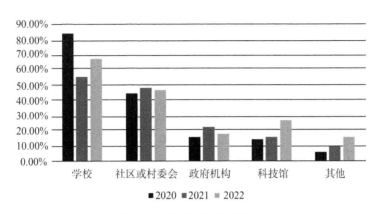

图 6-2 科普活动的组织者

关于科普活动的开展形式方面,科普活动的形式短时间内也无法根据孩子们的意愿来发生转变。在新时代的背景下,少年儿童期待更多的新形式,诸如动画版的短视频、VR 体验型、沉浸式的参与形式等。图 6-3 为 2022 年的调查数据,可以发现,代表实际活动类型的折线与代表孩子们期望的折线有较大的区别,尤其是科普讲座与户外实践两种活动类型。小朋友们好奇心强,他们更希望去户外活动,去动手实践,甚至他们愿意观看科学实践的视频。但是一直以来,举办最多的科普活动是科学讲座,有的是通过少儿知识竞赛,有的是观看专题科普视频等形式,相对来说容易推广,成本相对较低,缺点是无法实现个性化的定制,无法充分调动儿童参与,孩子们只能被动地接受。

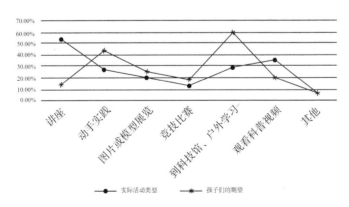

图 6-3 2022 年实际开展的活动类型与孩子们的期望对比

关于获取科普活动消息的渠道方面,调查数据显示,超过半数的儿童是通过电视了解相关信息,与网络类似,对于这个年龄段的小朋友,这种以图片和声音为主的直观的宣传方式更受他们欢迎。只有很少的人通过活动传单或者其他途径来了解活动。随着网络的发展与普及,信息的传播更为广泛,更迅速。尽管此次调查对象的年龄尚小,但是因为科技的发展,在经过一段时间的网课之后,小朋友们也习惯了从网络课堂或者是讲座上获取知识、获取信息,所以网络信息传播的方式已经在其年龄段占据主流。电视上的广告也是科普活动信息传播的有力途径之一,与网络类似,对于这个年龄段的小朋友,他们在接收到以动画或者是图片为载体的科普知识时更加愉悦。

调查结果显示,所调查的活动中,90%的活动为免费活动,有利于吸引更多的少年儿童参加,有利于科学知识的普及,也表明这部分家庭是中低收入者,也正好符合本项目发起的初衷,就是为中低收入家庭的少年儿童提供科普志愿服务。

第三节　问题及对策

本项目通过调查研究,发现当前我国在少年儿童科普工作中,科普活动的推进还是有一定成效的。社会对于中小学生的科普工作有一定的重视,符合我国德智体美劳全面发展的教育纲要。但是,还存在着一些不足之处,具体而言,包括以下几个方面。

1. 科普活动的覆盖范围不是特别广,参加过科普活动的小朋友约占60%,体现出部分农村地区由于地理位置偏僻、经济水平较为落后、设备条件较差等问题,科普活动的普及工作有一定的困难,但是我国的科普事业将在农村继续发展,未来可期。

2. 科普活动的组织者主要局限于学校和社区。调查表明,与2020年相同,少年儿童科普活动的主要组织者仍是学校和社区,科技馆、NGO组织、企业等社会力量的参与较少。学校、社区与孩子接触较多,更能第一时间接触到孩子们,能更合理地开展科普教育工作。调查表明,虽然孩子们十分向往科技馆等体验感更强的场所,但科技馆等科技含量较高的机构与孩子们的联系不是很密切。同时,由于科技馆的数量较少,难以同时满足数量庞大的学生群体的科普工作。

3. 科普活动的形式短时间内无法根据孩子们的愿望进行安排。小朋友们好奇心强,他们希望去户外活动,去动手实践,但是调查结果表明他们中的大多数都是在听科普讲座。但现阶段由于资金、设备、场地、人员等投入不足,专业科普工作人员岗位职务难以安排以及场地限制,很难进行实际操作的普及。

4. 科普活动的效果难以保证,良莠不齐。由于缺乏相关的培训,很多科普志愿者并没有这方面的经验,他们虽然有相关的科学知识,但不了解该以怎样的方式进行科普活动。学校和社区很少举办能让孩子们接触到看得见摸得着的科普实验活动,孩子们只能被动地接受讲座单方面带来的知识,并不能动手操作,所以孩子们很渴望外出亲自动手实践。根据调查,大约10%的科普活动是要收费开展的。科学普及知识种类匮乏。科普知识大多数为环保知识、物理知识和安全知识,小朋友们获得知识的窗口期很长,如果这些主题长久不变,那么孩子们必然会厌倦参加讲座或者做科普小实验。

鉴于此,我们提出了一些有针对性的建议。扩大科普活动的覆盖范围,更合理利用科普资源,针对乡村科普难以进行的问题,可以培训当地支教老师,定期在支教学校举办科普课堂,选择一些简单易学、材料费用少的实验来进行。充分发挥高校科普力量,鼓励大学生周末组建科普团或是设立科普部门到学校所在地周围社区进行科普活动。寒暑期实践活动也可以设立科普专项活动,鼓励学生到各自家乡的学校进行科普支教。

政府文化教育部门与学校及科技馆协商定期开展科普教育实地学习活动,各学校学生分批次进行科普实地学习。科技馆对馆内工作人员进行培训,使其了解科普活动的过程。科技馆准备活动方案与应急措施,保证科普活动的安全有序进行。培养科普工作者骨干,科普工作者互相联系,组建机构,分享活动的经验与心得,对新加入的科普工作者进行培训,使其充分了解科普教育活动的目的和方法。提高科普内容的丰富性,趣味性。鼓励初等学校视情况开展第二课堂,因地制宜制定相关方案,与高校达成合作,利用大学生科普力量来带动整个学校全面发展学生的综合素质。政府、社会、初等学校和高校都应该更加大力支持科普活动的发展,为本区、本市甚至本省筹措科普资金,保证科普事业能够有资金更好地进行下去。科普工作者们更应该从小孩的角度去设想活动的主题,比如小朋友们喜欢蹦蹦跳跳的动物,科普工作者就可以向小朋友们科普自然界动物的种类和习性,如可以讲解蝙蝠声波定位的原理等。

第四节　小结

在项目开展过程中,"启明星"科普团志愿者师生加强了与家长们的交流,各科普分队在进行活动前都会与家长们进行线上或者线下交流,给出活动方案,并结合家长和孩子们的实验意愿来选择或者改进实验。从和家长的交流中,我们发现处在农村地区的孩子们很少参加科普实验活动,他们更多是从学校的电子屏幕上或老师的口中了解科学,而城镇地区的孩子情况稍好一些,偶尔会有学校组织的实验课。不过总体来讲,孩子们对科普实验都感到十分新奇,参加活动的情绪高涨。同时,许多家长都对活动的开展大加赞赏,他们认为这样的活动孩子既喜欢参加,又能学到知识,在接送孩子们的时候,他们总说自己这一代缺少引路人,志愿者和孩子们帮他们实现了小时候的梦想。许多孩子也期待再次参加这样的科普活动。种种反馈都体现了类似的科普活动在全国各地开展的情况并不全面,受益群体还只是小众,但是群众大力支持科普活动的开展,志愿者传递的知识和对于科普的决心不是一次性的,一传十,十传百,孩子们长大了再去给更小的孩子做科普,科普将是一项经久不衰的事业。

再回到"启明星"科普团自身,在组建"启明星"科普团时,成员们曾填过一份对于科普活动认知的调查表,结果表明,即使是当代大学生,在日常生活中也难以接触到科普有关事物,更别说从事科学普及活动了。不了解科普的人很难从事科普活动,难在如何正确地选择实验,难在如何向小朋友们解释原理,难在如何吸引小朋友们认真听讲,难在如何管理自己的情绪。但是我们的同学们是胸怀理想、心有远方的人,他们主动向我们科普部成员询问科普小实验的实验流程、实验注意事项和如何能控制住小孩混乱的场面。如此,"启明星"科普团的每个成员都为科普活动贡献了很多,大家排除万难给小朋友们送去科学知识、送去欢声笑语,我们也想通过暑期实践,让更多的人了解科普这份工作,让更多的人关注并参与科普中来。

在大学生科普志愿者谈到活动的收获或者体会时,被提及最多的是学会了沟通交流、收获了快乐、有成就感。在科普志愿服务活动的过程中,大学生志愿者不仅提高了自身实践能力和综合素质,而且培养了奉献精神,获得了成就感,明确了人生价值,有助于培养出社会主义事业的合格接班人。跟进科普志愿者后续的发展,也可以发现多数科普志愿者通过保研或考研,升学各重点大学,如华中科技大学、武汉大学、北京航空航天大学、山东大学、河海大学等,总体比例约为 60%,高于一般学生 40% 的比例,也涌现了一些优秀的学生骨干,如江苏省 2019 年大学生年度人物杨涛等。

当然,科普小实验进社区大学生科普志愿服务项目,也存在一些问题,有值得改善和提高的地方。诸如,在项目开展方面,定期志愿服务的基地还不够多,受新冠疫情影响,个别基地暂停了,科普志愿服务活动的次数就减少了;在科普小实验的指导方面,目前主要集中在物理实验方面,得到了物理专业师资的支持,但是在化学、生物学、材料学等方面,还需要进一步拓展;在项目的资金支持方面,部分志愿服务项目的开展,由于资金的限制,活动开展得并不全面,参与活动的人数并没有到达预期的设想,从而导致了科普活动难以推广、扩大。这些都需要多方面的支持,不仅是一个学院,更需要高校相关部门、企业、社区以及校友的大力支持。

项目自实施以来,得到了多方面的支持,首先特别感谢学校科技处、科协在经费、项目开展等方面给予的大力支持,才使得本项目有机会扩大实施范围,服务更多的少年儿童。其次,要感谢院党委和校团委给予的支持,无论是暑期支教、定期开展科普进社区活动等,都得到了大力的支持。再次,要感谢南京市和润社会工作中心、社区、相关中小学的支持。少年儿童的科普是一项需要全社会投入、协同开展的重要工作,只是项目组、为数不多的大学生志愿者的努力,是远远不够的,希望通过我们的努力,能够为少年儿童科普、为大学生成长、为地方经济发展做出一份贡献。最后,就本研究项目做一个整理归纳,算是一个阶段性的研究小结。

第一,就理论研究而言,关于大学生实践育人的研究、科普志愿服务活动的理论研究较少。在新时代背景下,加强实践育人的重要载体即科普志愿服务的研究和实践,具有重要的意义,特别是面向青少年儿童的志愿服务活动,在劳动教育的大背景下,加强高质量科普志愿服务有很强的现实意义和理论价值。在调研中,也发现多数大学生志愿者在参与的积极性方面,影响因素主要是考核机制、距离的远近、参加的成本考量、成就感或者是获得感,这对于后期开展相关的志愿服务实践活动也有一定的指导价值。但是,本项目中,问卷的设置和调查样本的数量都有待于改善和提高,需提高问卷研究的有效性,真正反映其存在的问题。

第二,就科普志愿服务的实践开展方面,虽然取得了一定的成绩,项目也获得了省级奖励,在全国范围内十几个省份开展了服务,受到了学生、家长以及社区等方面的肯定。但是,同时也存在着一些问题或者需要改善提高的地方。在长期服务的定点服务社区方面,目前仅限于在江宁区的几个社区以及河海大学幼儿园,缺乏进一步的拓展,并且因为新冠肺炎疫情的影响,不能正常的定期开展,对项目的可持续性带来了一定的影响。此外,合作的对象也有待于拓展,目前只是得到了河海大学幼儿园、学校周边个别社区、南京市和润社会工作中心等方面的支持,2022 年没有再拓展,处于躺着吃老本的状态,亟待进一步的发展。

第三,作为教育管理的组织者而言,项目组织整体的进展、实施成果是较为突出的。特别是作为河海大学理学院的一个学生品牌活动,在顺利开展 6 年的基础上,取得了一定成绩,无论是从品牌的知名度,还是吸引学生参与的数量,或者是带来的成果和社会效益,都可谓是非常成功的。在组织的过程中,依托于学院专门成立的一个部门——科普部,从而纳入规范管理,从活动的传承、人员招募、培训、考核等方面,都有了一个支撑。在项目化开展方面,因为服务范围大、人数多,根据项目需要,灵活招募志愿者参加,扩大了参与人数。在具体的科普开展中,选择易于观察演示的小实验且没有危险性,特别是化学试剂、电子元器件等方面,以安全为第一要务。在项目的整体运行过程中,也需要辅导员或者院团委及时关注,多给予学生指导,在评奖评优等方面,给予一定的激励,比如优秀志愿者、优秀志愿服务项目、优秀科普活动等。

第四,就人才培养方面而言,在实践育人的探索中,取得了较为突出的成效,培养出了一批优秀学生。在"大思政"的背景下,通过实践活动深入社区和乡村,面对面服务少年儿童,与家长和社区交流,充分锻炼了学生的实践能力,提高了学生对社会的认知。特别是理学院,专业学习难度较大,很大程度上存在对实践不够重视的情况,学习计算推理能力强,表达沟通、实践能力弱。经过实践锻炼,学生参加培训,担任主讲老师,与各方面沟通,磨炼出一批优秀学生,在后期的追踪中发现,这些骨干志愿者多数能够升学或进入重点行业。

第五,就服务地方经济发展而言,较为有效地促进了地方发展及新农村建设。项目实施的对象就是城市社区中的中低收入家庭,以及偏远农村的留守儿童或者中小学校。针对日常的学校教育或者家庭中关于科普的小实验演示教育,为他们提供送上门的服务,为家庭节约教育成本,还提供课后的暑期支教服务。项目自实施以来,参加项目的志愿者的脚步走遍了祖国十几个省市,服务社区、小学、乡村近百个,特别是在寒暑假期间,通过小课堂、夏令营、小组辅导等形式,为少年儿童提供灵活有趣的课程。当然,这个课程不仅限于科普,包括数学、语文、英语、美术、体育等,收到了一些学校、社区、家长的感谢信。

就本研究而言,目前只能说是一个阶段性的总结,可能存在一些不足之处,需要在后面加强完善,特别是在调动大学生志愿者的积极性方面,仍有不少工作要去完成。以下是节选部分参与志愿者的感悟。

【部分参与志愿者感悟】

王妍:在从事科普活动的两年里,我体会到了作为一名志愿者所带来的充实感。从科普实验的确定、准备到讲解,每个环节都需要志愿者们花费大量的时间与精力。每次活动看到孩子们脸上的笑容以及得到家长的称赞与认可时,都会使我们得到极大的鼓励与满足。

仝晨曦:通过这些活动我学到了许多知识,第一次像老师一样近距离地为小朋友讲述一个个有趣的科学实验。在共同完成科普任务的过程中,每个人都有自己的任务,都需要与其他人团结合作。我也锻炼了自己的语言表达能力和人际交往能力。总之,科普活动是极为有意义的活动,锻炼自己,收获成长。

叶李鹏安:选择了这个活动,很大程度上源于我高中时错过了不少志愿活动,心中一直留有遗憾。在平日里与小朋友们交流的过程中,也让我感受到了孩子们的热情以及对知识的渴求,这也无时不在提醒我,我当初选择了科普志愿活动是正确的。

陈娟娟:在科学小实验进社区活动中,为小朋友带去知识和欢乐,知道了如何与小朋友交流,也学会了如何与家长进行沟通。在活动中,学会了从容面对一切,学会了与成员们一起合作,提高了自己的语言表达能力。

郑子文:我为小朋友们普及了很多有趣的科学知识,展示了很多实验,每次看到小朋友实验结束后的欢呼雀跃,我都会有一种满足和自豪感。在这个过程中也锻炼了自己,变得更加自信,更加阳光,更加从容,这个活动既丰富了我的课余时间又让我和小朋友们一起成长。

李筱瑜:在将近一年的时间里,我参与了理学院科普部组织的各项活动,有很大收获。在向小朋友普及科普知识的过程中,不仅激发了他们对科学的兴趣,同时也使我自己的科学知识储备更丰富。通过不断完善寓教于乐的教学方式,我掌握了对小朋友的有效教育方法,提高了爱心和耐心。

白泽宇:科普部是一个团结有爱的大家庭。在这里,我们团结协作,共同完成实验,策划活动;在这里,我们认真备课,准备实验,努力呈现最好的效果;

在这里,我们热情授课,看到小朋友眼中求知的光,便是我们最大的欣慰。

刘兆轩:很开心能加入科普部大家庭,这一年里,在学长学姐的引导下,我从第一次上台的慌张到现在的沉着,从初次独自准备的手忙脚乱到现在的驾轻就熟,从初识部门里的伙伴到一起参加比赛获得荣誉,得到了进步与成长。在为社区小朋友们带去科普知识与快乐的同时,我也收获到了满满的成就感。

顾天城:我非常有幸地以理学院分团委科普部的一员,开展科普课堂,为少年儿童的科学教育事业贡献了微力。在这如梦似幻的旅程中,我丰富了知识、增长了才干、学会了合作、体会了奉献的快乐。加入科普部大家庭是我无悔的选择。

周晓聪:我觉得这个课堂不仅仅是我们教给小朋友们科学知识,活动也为我们队伍里的每一个人带来了许多孩童的快乐。从成员到部长团的转变让我也学到了更多,反思总结,不断学习……我觉得这是我理想中大学生活的一部分,也是自己力所能及的一件事情,"品科学之美,伴少年成长",我们在路上。

陆凌啸:参加科普活动的经历让我有了许多收获。首先,我学到了许多知识,对科学实验和科学故事有更深入的了解。其次,通过活动,我学习了如何与小组成员一起去较好地完成活动,体会到团队协作的重要性。这些经历不仅让我增长了知识,更让我提高了自身的能力。

孙媛:参加了一次又一次的科普活动,在活动过程中,给小朋友们普及科学知识的同时,我也收获颇多。在和他们的相处中培养了自己的耐心,增强了实践能力和团队协作的意识。相信这些经历都将成为我大学生活中宝贵的回忆。

沈宇婷:通过参加此次活动,我意识到协调分工、团队成员各司其职(讲解知识、分发材料、拍摄照片、维持秩序等),是活动得以圆满结束的重要因素之一。除此之外,本次活动也给予我们一些反思:科普知识的讲解应当根据不同对象进行调整,并在讲解时采用相应年龄段较能理解的语句和例子;活动前期,应详细了解从出发地到活动场地的交通情况,做好出行备选方案,避免因交通因素给活动造成影响;实验讲解中,需要与孩子们有较多的互动,借助有趣的语言和游戏等,让孩子们积极参与其中。

谭智烨:这次开展的"启明星"科普活动,目的是帮助小朋友们了解到学习以外的知识,了解科普的重要性,以及增进对外部世界的了解,帮助小朋友们更好地进行学习和生活。希望我们此次活动能给小朋友们提供帮助。通过这次活动,我也了解到了很多。现如今的教育普遍对科普的重视力度还不够,我觉得有关部门应该继续加深对教育的改革,给学生提供一个更加全面的教育。

唐梓淇:"纸上得来终觉浅,绝知此事要躬行",这次实践活动,丰富了我们的实践经验,提高了我们的团队合作能力,使我们通过这次实践更加了解社会,这次实践活动意义深远,对我们的帮助享用一生。我想,如果还有这样的机会,我依然会选择多多参与社会实践。

王嘉瑞:在整个过程中,团队中每个人都需要参与总体策划、执行、总结与创新。策划时,每个人都提出自己的方案,并由大家指出其中的不足,再一起分析可行性的大小,最后确定该方案是否采用。所有的方案都分析完之后才投票决定采用哪个。在执行过程中出现的问题也由大家分析解决。该过程锻炼了大家的分析能力,让大家学会了吸收各种想法的优点,全面考虑问题。执行过程中出现了许多困难,但是,大家都积极想办法克服。最终大家的努力迎来了丰厚的收获,大家学会了合理分配任务、互相帮助、精诚合作,学会了与陌生人交往的技巧,学会了处理突发事件的方法,学会了面对困难百折不挠。同时,每个人对社会的认识都有极大提高。小结时,将当期的结果汇总,互相分享实践过程中的经验和收获,提出问题并寻求帮助,总结教训以便下一阶段完成得更好。最终将所有内容汇总并做出总结。该过程中大家整理资料,分析总结了经验和教训。整个过程大家全程参与,有不小的收获。

王圣德:从开始下定决心到联系校友前前后后花了两个小时的时间,校友是我的高中同学,在配合上相对来说比较默契,我们联系了我们当地的一所培训机构,准备给小学二年级的同学分享一些奇妙的物理知识。因为培训机构的老师与我之前相识的缘故,我们很顺利地取得了他们的同意,但是,在未知的学生面前我们难免有一些紧张,最后我们通过严密的提前准备,最终顺利地完成了这次科普活动。通过本次实践活动,我深刻体会到了成功的背后少不了各方面的努力。

熊鑫安:通过本次社会实践活动,我个人的沟通能力、协调能力、适应能力、耐心都得到了极大的锻炼。同时也完成了社会实践的基本目标,做到了将理论与实际相结合,了解社会,培养了创新精神、实践能力以及动手操作能力,增强了使命感和责任感,提高了个人综合素质。

严子豪:这次团队实践时间较为紧迫,加之疫情影响,并没有很好地按原有计划进行,参与人数大幅减少,但最后还是为小朋友安排了科普实验。由于人数很少,我便可以有足够的精力去理解并解答小朋友的疑问。即使这样,给小朋友做科普也确实有一定难度。小朋友的想象力确实非常丰富,他们的小脑袋里似乎总有许多问题,而且很多问题我也无能为力,只能对他们说:"好好学习,以后这个问题就等你去解答了。"这也算是间接促进了他们学习吧。另外,思考如何以小朋友的视角向他们解释科普问题也很难。

赵梅洁:虽然有许多不足,但我们也收获颇丰。在活动中孩子们通过观察和亲手实践充分体会到知识的力量与乐趣,相信此次活动成功地帮助了孩子们提高科学思维能力,同时启发孩子们在今后的生活中多动手、多动脑、多思考。而对我和队友来说,这也是一次很好的实践机会,不仅锻炼了我们的口头表达能力,也在一定程度上考验了我们的临场应变能力。无论从哪方面来说,这都是一次宝贵的经历,相信我们在将来的社会实践中也会不断成长,越来越好。

赵丽娜:在这次实践的过程中,让我收获最大的就是增强了与别人的沟通能力,尤其是与小朋友的沟通能力。在我们开展活动的村里,我先是到有小孩子的家里去告诉他们这个活动,给他们讲讲我们会干什么,然后和他们的家长沟通,让他们同意小孩到时候来参加。在活动当天,我原以为最大的困难会是给小孩子们做实验以及如何用能让他们理解的方式给他们讲解,可是没有想到,最困难的竟然是维持好秩序,让他们坐下来看我的实验。通过这次活动,我对"气球生摩擦力"和"气球在冷水和热水里的现象"这两个物理小实验的原理都理解得更加深刻了。

蔡可硕:本人在此次活动中收获颇丰,向孩子们传授科学知识也让我体会到了快乐。为孩子们深埋科学的种子,也让我感到自豪。

李锦州:经过这次的社会实践活动,我学到很多之前没有学到的东西,任何事情都不是一蹴而就的,只有经过不断的努力和坚持才会让自己变得越来越好。最初我并不适应在大家面前讲话,经过不断地实践之后我进入了个人该有的角色。很感谢这次社会实践的机会,让我成长,让我学到经验。

刘博:此次科普活动,丰富了我的实践经验,提高了我的团队协作能力,让我对科普工作有了更深的认识。"纸上得来终觉浅,绝知此事要躬行",身为当代大学生,我应该积极运用我在实践中学习到的知识和经验,再次投身实践,在实践中成长,实现服务社会的当代价值观。我相信,这些都将成为人生道路上的财富,激励我不断前进。

卢珊:在这次的科普活动中,我感受到了孩子们对科学知识的渴望。而"科普"的真正意义,就是让大家通过对一些日常生活中的现象和问题进行科学的探索,从而让大家通过现象看本质,因为科学本身就是一个系统的整体,循环往复、相互关联。对于日常生活中产生的一些现象,孩子们可能很少会进一步地思考,去探索其中的奥秘。所以通过这次活动,我们也从侧面鼓励孩子们要善于去观察生活中的事物，并且主动地学习和思考，这样会有更加全面和健康的发展。

刘星雨：在此次实践中，我担任了队长的职责，同时协调跨地域的团队实践，这在我看来并不容易，虽然我们顺利安全地完成了此次暑假实践的任务，但是还是存在许多的失误和漏洞，这也是我们成长中的一部分。孩子们是天真烂漫的，他们不会掩饰自己的想法，他们在最应该被照顾被关怀的年纪，我们理应做好他们的领路人。在带给孩子们知识和欢乐的同时，我们也收获了很多东西。当我们在教授孩子们知识的时候，我们也会被他们的纯真与善良所打动。我觉得这样的暑期实践是真实的，是丰富的，更是有益的，这将会是我们这个暑假永恒的回忆。

宋念远：在这次活动中，我们取得了理想的结果，内心充实而安慰，同样对许多的行业与身份有了更深的理解、体会与认知，此次活动对于志愿者们来说是一场锻炼，也是一种机遇，我们努力做好了自己能做的，同时我们也做好了自己积极投身于社会的准备。在以后参与的各种活动中，我们会注意此次活动中出现的各种问题，将此次活动所获运用于日后的工作中，锻炼自己的能力。以这次活动为契机，我们会继续强化学习，扎实工作，做好自己该做的和自己能做的，在今后发展中发挥出自己的一份力量。

侯林源：本次的实践进行得十分顺利，同时我们也收获了很多东西。因为当你在教孩子们的时候你自己同时也在成长。孩子们是童言无忌的，当你有了不足和错误，他们也会和你交流，不会多想什么。当你融入活动当中，你同时也会发现时间过得如此之快，每天都过得十分充实而且也充满活力。我认为的实践就是应该像这样，你可以真正地融入社会生活当中，并且能对自己有所帮助。也能够让自己在实践过程中成长，收获属于自己的那一份快乐。

王雪冰：这次实践，我第一次体验到小学老师的难处与快乐之处。尽管我很喜欢小孩，也很喜欢和他们一起玩，但他们总是太调皮，想要按照计划顺利地进行课程总是很困难的，维持纪律也总是很难的。小学老师的矛盾大概就是，在调皮捣蛋中能够正常地完成教学计划。实践已经结束，我也的确有所得。在此处告别，同时也在此处启程。

张怡喆：下课的时候，与小朋友交流、聊天，一群小孩围在我们的周围，打打闹闹也像真心朋友一样交谈着，那种感觉也挺好。喜欢与他们共处的每时每刻，虽然他们很调皮，甚至让你喊破喉咙，每次上完课都会感觉到嗓子不舒服，但在看到他们为上完我的课而愿意推迟下课回家的时间时，我也会把这些忘得一干二净。支教是一件无比快乐的事情,带给小孩知识的同时,也让我们硕果累累;同时,也希望自己以及整个"启明星"科普团的队员们在支教的过程中传播知识的种子、文明的火花。我们始终相信:星星之火,可以燎原。

蒋承乐:通过本次社会实践活动,一方面,我们锻炼了自己的能力,在实践中成长;另一方面,我们为社会做出了自己的贡献。但在实践过程中,我们也表现出了经验的不足以及处理问题不够成熟等。我们回到学校后会更加珍惜在校学习的时光,努力掌握更多的知识,并不断深入实践中,检验自己的知识,锻炼自己的能力,为今后更好地服务社会打下坚实的基础。

甘启明:5天的实践转瞬即逝,与小朋友们一起做实验很快乐,对于教育我并不是很懂,但我也是一个学生,我知道学生想要的是一个能够交朋友的老师,而不是一个机械的知识传授者,或者说是只知道给学生们灌输知识的人。在这5天里,从小朋友们、校长身上学到了很多东西,一个人对于知识的渴望是要保持的,不然就会慢慢被懒惰侵蚀,互相沟通很重要,能极大地提高效率,降低做事成本,提前跟队内成员说出你的想法会少走很多弯路,也能及时了解情况。

黄兴鉴:为响应号召,自7月23日,回省的需要进行居家14天的隔离,所以这时候与小组同学的交流十分重要。在此次的社会实践中,我们不断地进行交流,同时我也把文档材料、PPT的细节告知成员们,增进了我们之间的默契以及我的沟通能力,总之,很高兴能参加此次科普宣讲社会实践活动中来。以上就是我在此次活动中的收获,但是也有些小遗憾,没有办法现场与小朋友们交流,只能在线上配合团队进行实践活动。下次的社会实践活动,我会更加努力地参与其中。

黄子言:在下乡期间,我们相处融洽,发扬了互助互爱的精神,虽然也有意见不统一的时候,但是作为一个团队,我们还是很紧密地团结在一起的。在相处磨合的过程中,我们更加意识到了团队合作以及在发生分歧的时候寻找合适方式解决问题的重要性,也让我体会到了团队协作一致的重要性。

蒋煊:通过这次的科普活动,我了解了社会,增长了见识,学会了很多在学校里学不到的东西,丰富了自身的技能,同时,也为我增添了更多的社会实践机会,为以后继续回馈社会打下了基础。

刘思聪:在我们连续几天的共同探讨和实践下,我们拿出了令自己满意的结果,最终我们成功在班级中完成了这次实践,看到小朋友们好奇而专注的眼神,我便感到我所做的是有意义的。在这次社会实践活动中,我理解了教师的责任,看到小朋友们蓬勃的朝气,我感到经历了一次洗礼和升华。感谢这次社会实践活动,我个人受益匪浅。

陆凌啸:此次科普活动,丰富了我的实践经验,提高了我的团队协作能力,让我对科普工作有了更深的认识。"纸上得来终觉浅,绝知此事要躬行",身为当代大学生,我应该积极运用我在实践中学习到的知识和经验,再次投身实践,在实践中成长,实现服务社会的远大目标。我相信,这些都将成为人生道路上的财富,激励我不断前进。

曲孟雪:这次活动让我受益匪浅,相信孩子们也是,他们学到了很多有用的知识,同时提高了自己的综合能力。我们也从学生身上学到了很多珍贵的精神,同时也深入了解了孩子的学习状况。有幸参与此次活动,作为一名大学生,我觉得自己的责任更大了。努力拼搏,回报家乡是我们对故土感恩的最佳方式。

参考文献

［1］傅国涌. 新学记:中国现代教育起源八讲［M］.北京:东方出版社,2018.

［2］杨文志,吴国彬. 现代科普导论［M］.北京:科学普及出版社 ,2004.

［3］饶旭鹏,刘海霞.理工科大学思政课实践教学的理论与实践研究［M］.北京:人民日报出版社,2019.

［4］徐金寿.理实融合 实践育人——"全程式"实践人才培养模式［M］.杭州:浙江大学出版社,2010.

［5］张晓红,宋志强,潘春玲.志愿服务理论与实践［M］.北京,中国青年出版社,2019.

［6］缪凤雅.幼儿园科学教育实践与研究［M］.宁波:宁波出版社,2013.

［7］安庆红.2015 年天津市青少年科技教育与科学普及工作报告［M］.天津:天津科学技术出版社,2016.

［8］陈振权,徐军.科普教育基地建设与发展研究［M］.广州:广东教育出版社,2016.

［9］李思.大学生参与科普志愿服务活动影响因素研究［D］.武汉:华中师范大学,2016.

［10］陈立群.武汉高校大学生科普志愿服务调查研究［D］.武汉:华中科技大学,2015.

［11］张黎.山东省大学生科普志愿者服务情况调查研究——以山东省部分科普场馆为例［D］.济南:山东师范大学,2017.

［12］王文胜.基于企业的大学生科普志愿服务现状调查研究——以华硕大学生科普志愿者行动为例［D］.重庆:重庆师范大学,2017.

[13] 张晶愉.大学生志愿服务实践育人现况及对策研究——以河北部分高校为例[D].石家庄:河北师范大学,2020.

[14] 赖新华.新时代大学生科普志愿者队伍建设探析[J].重庆科技学院学报(社会科学版),2019(01):98-100.

[15] 卓佳,颜熙,陈宝,等.国外科普工作对我国青少年科普之启示[J].重庆大学学报(社会科学版),2003(06):193-194.

[16] 丁亮.关于青少年科普政策分析——以辽宁省为例[J].科技传播,2017,9(03):102-104.

[17] 韦满.科学普及对青少年创新能力培养的影响及对策思考[J].科技传播,2017,9(13):80-81.

[18] 王惠明.立足生活,玩转科学小实验——浅谈运用微课开展家园科学小实验活动的实践与探索[J].幼儿教育研究,2020(01):8-10.

[19] 蓝春玉.动手·动脑·动心——浅谈幼儿园大班科学小实验的开展[J].教育教学论坛,2017(07):246-247.

[20] 何霜,黄桐娟,李晓滢.论科学小实验教学对少儿思维的影响[J].科学大众(科学教育),2018(01):79.

[21] 陈红军.利用科学小实验培养学生探究能力[J].新课程研究(中旬刊),2019(01):101-102.

[22] 姚伟,张妮妮.在科学探究中促进儿童解释能力的发展——美国科学开端课程对我国儿童科学教育的启示[J].课程·教材·教法,2011,31(05):98-101.

[23] 董全超,许佳军.发达国家科普发展趋势及其对我国科普工作的几点启示[J].科普研究,2011,6(06):16-21.

[24] 曹乐艳.我国科普政策问题研究[D].西安:长安大学,2014.

[25] 卢星辰.幼儿科普图书内容及呈现形式研究[D].重庆:西南大学,2019.

[26] 董敏.基于网络平台的科普资源开发利用[J].中国校外教育,2013(33):194.

[27] 王庆涛.国内短视频科普领域研究现状分析及趋势思考——基于中国知网2005—2019年期刊数据的文献计量学分析[J].新媒体研究,2019,5(23):13-16+25.

[28] 魏兴,毛玲朋,洪晓畅.实践育人研究综述[J].教育现代化,2020,7(12):107-109.

[29] 张慧.实践育人视阈下大学生志愿服务常态化建设路径[J].西部学刊,2019(17):95-97.

[30] 郝学武.高校志愿服务实践育人体系探究[J].学校党建与思想教育,2019(16):81-82+96.

[31] GÖKHAN GÜNEŞ. A screening study about preschool science education studies: A case study from Turkey[J]. Journal of Early Childhood Studies, 2018,2(1):33-67.

[32] FALK J H,DIERKING L D, OSBORNE J, et al. Analyzing Science Education in the United Kingdom: Taking a System-Wide Approach [J]. Science Education, 2015, 99(1):145-173.

[33] HYDE M K, KNOWLESS S R. What predicts Australian university students' intentions to volunteer their time for community service[J]. Australian Journal of Psychology,2013, 65(3): 135-145.

[34] Garver M S. Segmentation Analysis of the Volunteering Preferences of University Students[J]. Journal of Nonprofit & Public Sector Marketing Volume 21, 2009, 21(1): 1-23.

[35] LOUISE GUSTAFSSON, TED BROWN, CAROL MCKINSTRY, et al. Practice education: A snapshot from Australian university programmes[J]. Australian Occupational Therapy Journal , 2016(64): 159-169.

[36] JIYOON YOON,JACQUELINE ARIRI ONCHWARI. Teaching Young Children Science: Three Key Points[J]. Early Childhood Education Journal, 2006, 33(6): 419-423.

[37] JOYCE M, KATHY E, JOHNSON, KEN KELLEY. Longitudinal Analysis of the Relations Between Opportunities to Learn About Science and the Development of Interests Related to Science [J]. Science Education, 2012, 96(5): 763-786.

附录：

调研问卷及数据统计

河海大学科学小实验进社区课题组问卷

一、基本信息

1. 您的所在地：

   A. 农村 　　　　　B. 乡镇 　　　　　C. 城市

2. 您的年龄：

   A. 3～6 岁 　　B. 6～12 岁 　　C. 13～15 岁 　　D. 16 岁以上

3. 您的性别：

   A. 男 　　　　　B. 女

4. 您父母职业：

   A. 工人 　　　B. 农民 　　　C. 个体商人 　　　D. 公共服务

   E. 知识分子 　F. 管理人员 　G. 军人 　　　　　H. 其他＿＿＿

二、科学小实验活动开展情况

1. 日常生活中是否参加过科学小实验活动？

   A. 是 　　　　　B. 否

   （填"否"则以下问题无需回答）

   ① 您一般从什么渠道获取科学小实验活动的信息？（可多选）

   　A. 网络 　　　B. 电视 　　　C. 活动传单

   　D. 其他＿＿＿＿＿＿

② 您参与过的科学小实验活动主要涉及哪些内容？（可多选）

    A. 物理原理　　　B. 环保知识　　　C. 航天知识

    D. 安全知识　　　E. 其他＿＿＿

③ 您参与的科学小实验活动是由谁组织发起的？（可多选）

    A. 学校　　　　　B. 社区或村委会 C. 政府机构

    D. 科技馆　　　　E. 其他＿＿＿

④ 您参与的科学小实验活动开展地点在哪里？（可多选）

    A. 学校　　　　　B. 社区或村委会 C. 政府机构

    D. 科技馆　　　　E. 网络　　　　　F. 其他＿＿＿

⑤ 您参与的科学小实验活动是否收费？

    A. 是　　　　　　B. 否

⑥ 您认为参加科学小实验活动对你有什么帮助？

    A. 有很大的帮助，能学到很多知识，锻炼思维方式

    B. 帮助一般

    C. 帮助不大

    D. 一点帮助都没有

⑦ 您对目前的科学小实验活动有什么意见或建议？

2. 您还参与过其他什么类型的科普活动？（可多选）

    A. 科普知识讲座　　　　　　　B. 动手实践

    C. 图片或模型展览　　　　　　D. 竞技比赛

    E. 到科技馆、户外学习参观　　F. 观看科普视频

    G. 其他＿＿＿＿＿＿

3. 您还希望多参与哪些形式的科普活动？（可多选）

    A. 科普知识讲座　　　　　　　B. 动手实践

    C. 图片或模型展览　　　　　　D. 竞技比赛

    E. 到科技馆、户外学习参观　　F. 观看科普视频

    G. 其他＿＿＿＿＿＿

三、科学小实验进社区活动开展意愿调研

1. 您是否愿意参加科学小实验进社区活动？

   A. 是　　　　　B. 否

2. 您希望该活动开展的时间是_____？（可多选）

   A. 放学后　　　B. 周末　　　　C. 寒暑假

3. 您希望活动开展时长是_____？

   A. 1小时　　　B. 2小时　　　C. 3小时

4. 您希望该活动的内容形式是_____？（可多选）

   A. 科学实验　　B. 手工制作　　C. 观看影片　　D. 科学故事

5. 您对科学小实验进社区活动有哪些意见或建议？

数据统计

		2020		2021		2022	
有效问卷数		445		964		250	
获取活动信息的渠道	网络	331	74.38%	622	64.52%	209	83.62%
	电视	283	63.60%	297	30.81%	67	26.98%
	传单	57	12.81%	319	33.09%	25	10.13%
	亲朋推荐	95	21.35%	155	16.08%	34	13.43%
	其他	42	9.44%	22	2.28%	8	3.02%
涉及的知识类型	物理知识	278	62.47%	351	36.41%	161	64.29%
	环保知识	225	50.56%	427	44.29%	76	30.22%
	航天知识	131	29.44%	216	22.41%	89	35.48%
	安全知识	260	58.43%	497	51.56%	148	59.37%
	其他	18	4.04%	54	5.60%	29	11.75%

		2020		2021		2022	
组织者	学校	375	84.27%	534	55.39%	169	67.43%
	社区或村委会	197	44.27%	477	49.48%	116	46.21%
	政府机构	70	15.73%	214	22.20%	46	18.26%
	科技馆	66	14.83%	159	16.49%	69	27.49%
	其他	24	5.39%	94	9.75%	40	16.19%
有无帮助	有很大的帮助,能学到很多	339	76.18%	857	88.90%	218	87.32%
	帮助一般	93	20.90%	83	8.61%	24	9.78%
	帮助不大	10	2.25%	21	2.18%	6	2.41%
	一点帮助都没有	3	0.67%	3	0.31%	1	0.49%
活动类型	讲座	298	66.97%	426	44.19%	134	53.77%
	动手实践	143	32.13%	325	33.71%	69	27.48%
	图片或模型展览	124	27.87%	124	12.86%	51	20.31%
	竞技比赛	82	18.43%	147	15.25%	33	13.23%
	到科技馆、户外学习参观	115	25.84%	132	13.69%	73	29.14%
	观看科普视频	100	22.47%	149	15.46%	89	35.65%
	其他	23	5.17%	39	4.05%	15	6.07%
希望的类型	讲座	114	25.62%	193	20.02%	34	13.65%
	动手实践	284	63.82%	319	33.09%	109	43.62%
	图片或模型展览	215	48.31%	253	26.24%	65	25.94%
	竞技比赛	201	45.17%	184	19.09%	46	18.47%
	到科技馆、户外学习参观	305	68.54%	166	17.22%	148	59.27%
	观看科普视频	132	29.66%	309	32.05%	52	20.95%
	其他	15	3.37%	101	10.48%	17	6.77%

后记

不忘初心，砥砺前行。在即将完成一个阶段性总结之际，有太多的话想说，可以具体为三个数字。第一个数字：6。项目开展 6 年来，遇到过困难，也取得了一些成果，可以说酸、甜、苦、辣、咸，只有自己知道。铁打的营盘流水的兵，项目开展以来，来自学院、学校的数百名学生，参加了本研究项目，感谢他们的辛苦付出。截至当期，本研究项目在服务少年儿童方面，粗略估计超过了数千人次，在培养大学生志愿者和骨干方面，也超过了数百名学生。在获奖方面，参加了省级汇报展示，获得了江苏省青年志愿服务大赛关爱留守儿童类的二等奖。可以说，项目的实践经验丰富、实践成果丰硕，对学生、儿童、家长、学校都有了一个较为满意的交代。唯一不足之处就是，6 年来，虽然也做了一些理论上的问卷调研、一些片段式的总结，但没有形成系统的高质量的理论研究成果。本研究可以说是对项目实施的一个阶段性总结，也希望通过总结，为下一步推动项目再上新台阶提供一些理论指导。

第二个数字：11。本研究不仅限于总结大学生科普志愿服务方面的实践经验，更是开展大学生培养、大学生实践、大学生综合发展的一个探索。笔者作为一名理科学院专职辅导员，特别关注理科大学生的培养。如何能够清晰认识理科学生的优缺点，有针对性地开展立德树人的教育，以及如何提高理科大学生的竞争力，是我一直在思考和探索的问题。入职 11 年来，围绕这些问题我做了诸多的思考、分析、研究，采取了一些力所能及的措施，在理科学生专业归属感培养、理科学生日常教育管理、理科学生的思想政治教育方面，都取得了一点成果。在本研究的开展过程中，我也将相关思考、研究、成果，融入进了相关的章节。

因此,也可以说,这一成果是对自己 11 年来专职辅导员工作的一个阶段性总结。常常听到有同仁讲,世界上最难的工作,就是做人的工作。而辅导员不仅是要专职处理人的工作,更是 7×24 小时在线的保姆。上面千条线,落实在一个人,思想政治教育、日常管理、评奖评优、心理咨询、就业、入学教育、突发事件处理等等,如果没有亲身的经历,是很难理解这种琐碎工作的,像汪洋大海一样向你奔来,包围你,让你沉陷其中。既要处理好来自两个年级近 300 名学生的各类问题,又要能够抽出时间进行某一方面的理论上的研究。对于一个上有老下有小需要照顾的男人来说,是比较困难的,有畏惧、有懈怠,但还是想逼一逼自己,努力一把。在无数个晚上、无数个周末,加班加点,希望尽最大的努力,能够完成一个有一点质量的小作品。

第三个数字:37。孔圣人曰:四十不惑。时间如流水,转眼间人到中年,这个年纪最大的不惑,我想就是感恩,不再问那么多的为什么,为什么成功,为什么失败,为什么不是我,为什么离开。感恩就是要感谢一切的相遇,一切的帮助,一切的赐予,要坦然面对所遇到的困难和挫折,承认一个人的力量是有限的。无论是在日常的工作中,还是在实践项目的开展中,抑或是在本研究的实施中,之所以能够取得一点点成果,是因为得到了太多人的谬爱,太多人的支持和帮助。首先,要感谢叶鸿蔚老师的指导和帮助,无论是在求学期间,还是在工作期间,在遇到问题和困难的时候,总是能够得到老师的点拨和无私的帮助,找不到更多的语言来表达内心的情感,归结一句还是感恩遇见、感谢谬爱。其次,要感谢多位学院领导和同仁的帮助,虽然本人木讷的语言能力,不能及时表达心中的感激,但是,你们的包容、关爱和帮助,须臾不敢忘记,也借此机会,一并表示最诚挚的感谢,感谢理学院各位领导的帮助和关爱。最后,也是最重要的,感谢家人的爱和支持,感谢我的母亲马彩莲,这本书也是献给她的一个礼物,感谢爱人王敬敬的支持和包容,感谢两个可爱的宝贝,你们是我向前走的最大动力。

要特别强调声明的是,本项目能够形成较为系统的理论与实践研究成果,得到了河海大学数学学院的经费资助,学院领导不仅多次亲自指导,而且学院在人员、物资、经费等方面也给予了大力支持。来自数学与应用数学、信息与计算科学以及应用物理学专业的数十名教师参与了项目指导,超过百名数学、计算机、统计学等专业的学生骨干参与了组织和实践工作。特别是本科生张祺翔、周晓聪、马建、王冉,研究生秦妍等学生做出了较大贡献,在此一并向他们表示最诚挚的感谢。

希望通过我们的一点努力,能够为提高理科大学生实践能力、服务少年儿童科普、助力地方经济发展,做出一点微薄的贡献。当然,由于本人水平有限,书中存在一些不足之处,在所难免,如有学人发现谬误之处,请不吝赐教,如有引用等不当之处,敬请学人及时联系,本人将及时更正,在此表示真诚感谢!

2022 年 12 月 1 日
于河海